中国职业技术教育学会

智慧旅游职业教育专业委员会推荐用书

专家指导委员会主任／韩玉灵
总主编／康　年
副总主编／卓德保

∥ 葡萄酒文化与营销系列教材 ∥

葡萄种植与葡萄酒酿造

Viticulture & Vinification

秦伟帅　苗丽平◎主　编

马克喜　董书甲　王根杰　杨程凯◎副主编

U0241396

北京·旅游教育出版社

立体化教学资源

近年来，我国葡萄酒市场需求与产量逐步扩大，葡萄酒产业进入快速发展的新阶段。我国各葡萄酒产区依托资源和区位优势，强化龙头带动，丰富产品体系，助力乡村振兴，形成了集葡萄种植采摘、葡萄酒酿造、葡萄酒文化旅游体验于一体的新发展模式，葡萄酒产业链更加完整和多元。

葡萄酒产业发展不断升级，新业态、新技术、新规范、新职业对人才培养提出了新要求。上海旅游高等专科学校聚焦葡萄酒市场营销、葡萄酒品鉴与侍酒服务专门人才的培养，开展市场调研，进行专业设置的可行性分析，制定专业人才培养方案，打造高水平师资团队，于2019年向教育部申报新设葡萄酒服务与营销专业并成功获批，学校于2020年开始新专业的正式招生。为此，上海旅游高等专科学校成为全国首个开设该专业的院校，开创了中国葡萄酒服务与营销专业职业教育的先河。2021年，教育部发布新版专业目录，葡萄酒服务与营销专业正式更名为葡萄酒文化与营销专业。2021年，受教育部全国旅游职业教育教学指导委员会委托，上海旅游高等专科学校作为牵头单位，顺利完成了葡萄酒文化与营销专业简介和专业教学标准的研制工作。

新专业需要相应的教学资源做支撑，葡萄酒文化与营销专业急需一套与核心课程、职业能力进阶相匹配的专业系列教材。根据前期积累的教育教学与专业建设经验，我们在全国旅游职业教育教学指导委员会、旅游教育出版社的大力支持下，开始筹划全国首套葡萄酒文化与营销专业系列教材的编写与出版工作。2021年6月，上海旅游高等专科学校和旅游教育出版社牵头组织了葡萄酒文化与营销核心课程设置暨系列教材编写研讨会。来自全国开设相关专业的院校和行业企业的近20名专家参加了研讨会。会上，专家团队研讨了该专业的核心课程设置，审定了该专业系列教材大纲，确定了教材编委会名单，并部署了教材编写具体工作。同时，在系列教材的编写过程中，我们根据研制中的专业教学标准，对系列教材的编写工作又进行了调整和完善。经过一年多的努力，目前已经完成系列教材中首批教材的编写，将于2022年8月后陆续出版。

本套教材涵盖与葡萄酒相关的自然科学与社会科学的基础知识和基础理论，文理渗透、理实交汇、学科交叉。在编写过程中，我们力求写作内容科学、系统、实用、通俗、可读。

本套教材既可作为中高职旅游类相关专业教学用书，也可作为职业本科旅游类专业教学参考用书，同时可作为工具书供从事葡萄酒文化与营销的企事业单位相关人员借鉴与参考。

作为全国第一套葡萄酒文化与营销系列教材，难免存在一些缺陷与不足，恳请专家和读者批评指正，我们将在再版中予以完善与修正。

总主编：康年

2022年8月

自 2019 年《普通高等学校高等职业教育（专科）专业目录》增补葡萄酒文化与营销专业以来，上海旅游高等专科学校第一个申请成立此专业，后全国多所原有酒水基础的高职院校也相应陆续增设此专业。

葡萄酒文化与营销专业的设立，旨在着力培养葡萄酒文化与营销专业人才，填补葡萄酒产业市场端多层次、多岗位的激增缺口。由于专业设立时间较晚，培养人才又迫在眉睫，所以急需一系列针对本专业的配套教材，《葡萄种植与葡萄酒酿造》便是其中之一。本教材可以作为葡萄酒文化与营销专业以及其他开设葡萄酒课程的酒水类专业的教材，针对高职院校学生的情况，编者特别注意把握知识的难度和广度。

《葡萄种植与葡萄酒酿造》分为种植篇和酿造篇两部分内容，种植篇（第一章至第五章）内容包括：葡萄园里的一年四季、葡萄园概况、葡萄园的管理、中国葡萄酒产区葡萄园、有机种植。以上章节的设立是基于教材在编写之初的一些设想：如果你给客户讲述一款葡萄酒，或者带客户去参观酒庄，那么作为本专业培养的人才需要了解什么季节带客户看什么，需要了解各种自然条件和人为管理最终对葡萄酒质量的影响；了解中国的葡萄酒产区气候和部分产区独特的埋土防寒越冬方式；同时如果遇到不同国家的有机标识，能理解背后的有机种植的理念。

酿造篇（第六章至第十六章）中的第六章至第十四章按照酒款类型进行撰写，包括葡萄酒酿造的一般流程，干红葡萄酒、桃红葡萄酒、白葡萄酒、起泡葡萄酒、甜型葡萄酒、白兰地、加强型葡萄酒，以及其他葡萄酒款的酿造工艺，在把控难度和广度的基础上，重点关注酿造环节。除此之外，还设置了第十五章、第十六章葡萄酒常见缺陷、葡萄酒的日常管理等内容，全方位、多角度地进行葡萄酒知识的普及。

本书的编委会构成，采用院校和行业结合的模式，院校老师也都具有实操经验，同时作者也注意本科和高职专科院校的结合。本书由泰山学院生物与酿酒工程学院酿酒学科带头人秦伟帅副教授（第十二章）、上海旅游高等专科学校葡萄酒文化与营销专业苗丽平老师（第四、七、九、十章）主编，亳州学院生物与食品工程系酿酒工程专业董书甲老师（第二、六、十五、十六章）、宁夏停云酒庄有限公司种植师及酿酒师马克喜（第一、三、五、八章）、烟台张裕集团技术中心中级工程师王根杰（第十一、十三、十四章），以及宏润美酒品鉴文化首席讲师杨程凯 DipWSET（第五与第十三章的部分节）任副主编，泰山学院生物与酿酒工程学院专业教师张娜、中粮长城葡萄酒（蓬莱）有限公司武峰与李义成、宁夏停云酒庄有限公司首席酿酒师刘建军（刘员外）、青岛大好河山葡萄酒业有限公司首席种植师朱化平参编并予以指导。在本书的编写过程中，旅游教育出版社提供了大力支持和帮助，中国新锐动画短片导演、动画分镜师黄立玮对本书中的插图进行了创意绘制，一些业界同仁提供了精美图片，于此一并表达谢忱。

本书在编写过程中，参考了国内外同行的著作、论文等资料，在此表示衷心的感谢！

本书如有错误和疏漏之处，敬请读者和专家批评指正。

编者
2022 年 7 月

目录 CONTENTS

种植篇

酿造篇

种植篇

第一章
葡萄园里的一年四季

本章导读

作为教材的第一章，本章以时间的推移和四季的更迭为主线，建立起一个葡萄园的立体模型，让读者形成对葡萄园的认知体系，为在后面章节深入学习葡萄种植架式、葡萄品种、葡萄园管理等内容打下基础。

本章主要讲述葡萄从伤流期到休眠期的生长变化，以及葡萄园中发生的一些趣事。

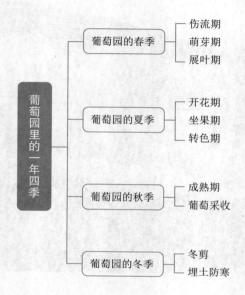

葡萄园里的一年四季

- 葡萄园的春季
  - 伤流期
  - 萌芽期
  - 展叶期
- 葡萄园的夏季
  - 开花期
  - 坐果期
  - 转色期
- 葡萄园的秋季
  - 成熟期
  - 葡萄采收
- 葡萄园的冬季
  - 冬剪
  - 埋土防寒

学习目标

1. 掌握酿酒葡萄生长的物候期变化；
2. 通过种植师日记，了解葡萄园在每个物候期的具体农事操作；
3. 建立起对葡萄园的认知体系。

葡萄是种植历史最久远的作物之一，历经数千年来的种植经验，发展出今日繁复精致的种植技术，而且在经典的产区也发展出适应当地环境的种植方法，让各地呈现出不同的葡萄园景致。虽然现在的酿酒师通过先进的酿造技术可以比过去更精确地控制细节，酿造出特定风味的葡萄酒。但是，在葡萄园的管理上，越来越多的酒庄却比过去花费更多的精力。因为唯有以高品质的葡萄为原料，才能酿出真正精彩且具有当地特色的葡萄酒。正所谓"七分种植，三分酿造"，好的葡萄酒是种出来的。

　　除了在天气非常炎热的地区，葡萄一年可以收获两次之外，大部分的葡萄产区一年只采收一次，从发芽、开花、结果、成熟到冬眠，刚好以一年为周期。葡萄果农遵循四季的变化，跟随着葡萄成长的节奏，需要进行不同的工作，以种出高品质的葡萄。

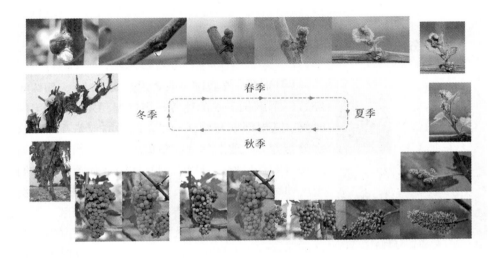

图 1-1　葡萄生长周期图

第一节　葡萄园的春季

　　初春的葡萄园，颜色显得很单调，却蕴含着一股力量。随着气温逐渐回暖，这股强大的力量就会被释放，这就是生命的力量！

图1-2　葡萄园春季

一、伤流期

图1-3　葡萄伤流期

　　3月下旬，在我国（或者说是北半球），葡萄藤经过一个漫长冬季的休养，当气温稳定在7~9℃的时候，其根部就开始活动了，此时的根系开始吸收水分与养分，地上部分在冬剪或机械损伤留下的尚未愈合的伤口处，可以看到有透明液体流出，我们把这种现象叫作"伤流"，土壤墒情好、温度高，伤流现象就会越明显。在春季潮湿多雨的地区，伤流不会对树体正常生长造成影响，但是在干旱的地区，就要注意这个问题了，伤流就可能会造成树体储存水分与养分的流失，对树体的生长发育产生影响。

二、萌芽期

　　大约在3月底、4月初，随着气温进一步升高，当稳定在10~12℃之后，葡萄芽眼开始膨大，鳞片开裂，先露出白色茸毛，进而白色茸毛顶部会出现嫩绿或粉红色，之后才是叶片展开，陆续开始发芽。葡萄藤蔓上的芽眼开始膨胀增大，长出叶芽。在发芽的前后，葡萄果农需进行第一次犁土。一方面使土透气，方便根系吸收雨水；另一方面可顺便耕除杂草，减少除草剂的使用。犁土大约每两个月进行一次，直到采收。为了严格控制产量，葡萄果农必须手工摘除藤蔓上多余的芽眼。去除病虫害的工作也开始进行，并一直持续到 7 月底。刚长成的葡萄芽相当脆弱，若气温低于 −4℃ 便很容易被冻死，所以春天容易有霜害的地区必须避免种植发芽过早的品种。各地的葡萄果农有不同的防霜害方法，例如使用喷水结冰的方法，将葡萄芽保护在冰柱里面；在葡萄园燃烧煤油暖炉防止霜害；在葡萄园中安装巨型风扇吹动空气防止结霜。

图 1-4 葡萄萌芽期

三、展叶期

4 月中下旬，快速升高的温度，给葡萄的生长提供了合适的环境。葡萄芽眼在努力挣脱束缚，叶子也开始展露出来。放眼望去，整个葡萄园，充满了新绿，甚是好看。萌芽后 15 天左右，当新梢上生长出约 4~6 片叶子，慢慢出现花序的时候，葡萄果农们就要开始进行抹芽定枝。抹芽是一年当中非常重要的工作。

图 1-5 葡萄展叶

图 1-6 葡萄新梢生长整齐一致

种植师日记

出土展藤

3 月 23 日　晴　3℃ /17℃　无持续风向 3~4 级

在持续进行一段时间细致的数据监测、对周边植物的观察、对比历史数据等工作以后，决定在今天开始出土展藤，根据不同葡萄品种及地块的萌芽顺序，依次进行。

清园杀菌

4月5日，多云转晴，9℃/17℃，北风4~5级

在葡萄上架绑蔓以后，需要剥除一些老翘皮，这里是害虫越冬的聚集地。剥皮之后，待到萌芽开始前，喷施5波美度的石硫合剂清园杀菌，包括葡萄藤、杂草、水泥杆拉线等全园覆盖。

抹芽定梢

4月28日，多云，15℃/25℃，无持续风向≤3级

此时，园子里较早熟的葡萄品种，如美乐、霞多丽等已经有大部分展开约7片叶子，可以明显看到花序，由于酒庄葡萄园正在进行架型的改造，所以有意将抹芽工作向后推迟，以便能更好地完成整改的过渡，所以，决定今天开始对这些品种进行抹芽定梢，待这几块地做完之后，较晚熟的品种赤霞珠和品丽珠也到了时节，这样可以合理地安排工作时间。

图1-7　春季人工抹芽

 第二节　葡萄园的夏季

这是夏天最初的萌动，这是葡萄拔节长大的时候。谷雨那蒙蒙烟雨、鹧鸪声声的情景似乎还在眼前，可一眨眼的工夫，炎炎的夏日却要到来。你感受到了吗？

图 1-8 葡萄园夏季

一、开花期

5 月中旬，葡萄的花序已经足够丰满，跃跃欲试。说起花，你的脑海中会在第一时间出现好多好多的画面，玫瑰、百合、茉莉、牡丹，甚至会想到一些不知道名字的花。但是，估计很少有人会想到葡萄的花。葡萄自然也是开花的，它的花小得可怜，白色，很容易让人们忽视了花的存在，许多人都会误认为它不开花便结果了；花默默无闻地开在葡萄叶子间，十分隐蔽，花味暗香。

图 1-9 霞多丽花期

图 1-10 美乐花期

发芽后，葡萄叶和枝蔓也跟着生长起来，稍后在葡萄新梢上将长出花序。花序上独立的花朵分离后，花朵进一步发育，当花瓣变为黄绿色时，随着气温升高和空气湿度下降，花瓣外侧收缩，基部开裂并向上卷曲，在花丝向上、向外伸长的作用下，葡萄的帽状花冠脱落，花序上的花由顶部向基部方向次序开放。葡萄从萌芽到开花的时间与温度、水分和养分密切相关，一般需6~9周时间。通常当昼夜平均温度达20℃时，即开始进入开花期。大部分的葡萄花都是雌雄同株，开花的时间在5月下旬至6月初，持续10~15天的时间。

伴随着花季，葡萄果农进行着新梢的引缚工作，这是调整枝蔓生长势，提高坐果率的技术措施。葡萄萌芽后，随着新梢节间伸长、叶片次序长出、花序与卷须逐渐发育，新梢不断地伸长，应摘除顶芽，刺激副梢生长；否则顶芽的延伸生长将一直持续到7月底8月初。新梢生长阶段，是营养生长（枝条生长）与生殖生长（花序与果实生长）的竞争阶段，这个阶段需要人工技术加以干预，以促进葡萄树体生长发育与果实品质之间的平衡。除了正常的水肥管理外，葡萄果农在这个阶段主要进行以下管理操作——枝条绑缚，绑缚与引导葡萄新梢保持一定方向生长；实施植保措施，保证枝条、叶片以及花序免受病虫害侵扰；顶梢与副梢修剪，平衡树体生长，保持良好的叶幕结构。通过新梢引缚可使新梢在架面上摆布均匀，有效地进行光合作用，因此是葡萄果农夏季管理工作的重要内容。葡萄果农也要定期进行修叶的工作，剪掉一部分刚长出来的叶子和藤蔓，让葡萄的生长更均衡，集中养分让葡萄成熟。长在葡萄树干上的多余枝蔓也要除去，以免浪费葡萄树体的营养。

二、坐果期

6月伊始，葡萄开花后，通过自花授粉，子房发育成果实。其所形成的果粒数量远比花的数量要少得多，即使授粉受精后形成的果粒，也会部分脱落，当果粒如黄豆粒大小后进入稳定期，才不再脱落。落花落果除了受病害以及品种遗传特性影响外，栽培以及气候因素，如植株生长过旺、灌溉过度、过于干燥或者经受热风等都是造成落花落果的主要原因；如出现低温天气，或是土壤肥力（尤其是硼元素）不足，还会出现果粒大小不均匀的现象。这时，如果葡萄枝叶长得太茂盛，就必须

图 1-11　葡萄幼果膨大期

修剪，抑制枝叶的生长，保留较多的养分给葡萄的果实。除此之外，葡萄果农应整理抬高枝叶，让葡萄接收较多的阳光，提高通风效果以减少感染病害的风险。

夏季的天气总是很热，果实也会逐渐生长，这一阶段是葡萄园白腐病的高发期，同时也是灰霉病的潜伏期，灰霉病的病原菌会潜伏在封穗（指果实在转色前果粒大小达到了最大值）后果粒的间隙以及果梗上，此时必须做好病虫害防治工作，否则当果实进入成熟期以后，随着糖分的积累，一旦发病则难以控制。

三、转色期

7月末，封穗后的果实虽然还会进一步膨大，但是，此期果实主要转为内部物质的变化，如含糖量逐渐增加，含酸量逐渐降低，果粒开始变软，果皮逐渐显现品种特征颜色。这时，往往新梢生长开始减缓，如果是人工灌溉栽培，此期的水分控制相当重要。

在管理上有两种计算转色期的方法：一种记录方法是从葡萄果穗开始出现转色前算起，通常开始于小暑前后，此时果粒大小已经接近成熟葡萄，但浆果还完全是坚硬且呈绿色的；更常见的一种记录方法是从有大约50%的浆果发生变色后开始记录。在一些成熟较早的产区，大暑前后会到达转色期最活跃的阶段。影响葡萄浆果转色期的环境因素是温度、湿度及光照。首先发生变化的是那些暴露在温暖小气候中的浆果（例如日照较多的部分），最后发生转色的是那些遮挡在葡萄叶幕下及长在短枝上的葡萄，因此很难准确地说明一个转色期的具体时期。在转色期发生的同时，葡萄的枝条也开始成熟并走向木质化。这时如果每株葡萄的结果量太多，为保品质，必须剪除一部分的葡萄，称为绿色采收（Green-Harvest）。绿色采收通常在葡萄转色之前进行，如在一些多雨的地区，也可适当推迟，在转色超过一半的时候进行，这样可以减少降雨对果粒变大的影响。

对酒庄来说能否有一个好年份就看这个阶段了。在这个葡萄糖分和酚类物质积累的关键时期，酿酒师们通过持续观察浆果的颜色发展，果粒的硬度变化及葡萄枝条的成熟情况就能大致判断当年的葡萄品质从而判断当年的葡萄酒的品质。

前面我们了解到，此期的植株状态，环境温度、湿度及光照对转色进程有较大的影响，因此这个阶段的叶幕管理显得尤为重要。为了照顾那些处于自然转色劣势地位的葡萄，种植师会在这个时期加强对葡萄的去副梢、打顶及疏叶管理。去掉枝条副梢，修齐枝条顶端，以保留合理的叶片数量，让每个枝条的叶片数量保持在 12~14 片。这样既可以抑制葡萄的植物性生长，也能产生足够的营养供浆果铆足劲生长；去掉那些过于遮挡葡萄浆果的下部叶片及田间的杂草使得浆果受到适宜的光照，并增加了通风，保持了干燥。除了叶幕管理，这个阶段还要进行疏果操作，将那些发育滞后或结果部位非常不理想的果穗提前淘汰掉。这种操作并不是浪费，因为这类果穗即使到了最后也很难达到理想的成熟标准，还占用了有限的营养资源。

种植师日记

新梢上架

5 月 7 日，晴转阵雨，12℃ /25℃，无持续风向≤ 3 级

葡萄园的工作就是这样环环相扣，抹芽工作刚刚结束，这边又要开始将新梢引缚固定到架面上，这时美乐的新梢长度大约在 45cm，一切都还在掌控之中，本来抹芽结束以后是会有几天间隔的，但是由于酒庄在改变架型的过渡期，将抹芽向后推迟了几天，所以看起来时间很紧凑，紧赶慢赶，总算赶上了……

花期管理

5 月 15 日，晴，15℃ /25℃，无持续风向≤ 3 级

做的每一步的工作都是为了葡萄的健康成长，前期的出土、上架、复剪、抹芽、引缚等工作，都是在为葡萄的花期做准备，为了让她在花期能有一个舒适的环境。如同人一样，有一个舒适的环境、健康的体魄，才会孕育出一个健康的宝宝。可谓是"忽如一夜夏风来，千树万树葡花开"，昨天，整整刮了一夜的大风，早晨起来，看到美乐和霞多丽的花蕊已经将帽子顶开，绽放开来……

葡萄从萌芽到开花的时间与气候条件特别是温度密切相关，一般需 6~9 周时间。通常当昼夜平均温度达 20℃时，即开始开花。北京房山地区的酿酒葡萄，如赤霞珠、美乐等，每年从萌芽到花期 40 天左右，今年花期较往年提前了大约 5 天。

夏季日常管理

5 月 25 日，晴，20℃ /35℃，南风 4~5 级

持续了大约 10 天的花期结束了，葡萄架似乎有些凌乱，这并不要紧，因为一切还都在我们的掌握中，只要老天爷没有给我们甩脸子，一切的困难都不是困难；前期的工作做得足够充分，这次的工作也就显得顺其自然，将东倒西歪的枝条引缚，抹除副梢，摘心……一气呵成！

锄草与病虫害防控

6 月后的很长一段时间，雨后

在葡萄园，病害主要以预防为主，霜霉病、白腐病、灰霉病、炭疽病……都是葡萄园容易爆发的病害，尤其是在多雨的产区。波尔多液是预防霜霉病经久不衰的神药，具体喷药间隔期与比例根据天气状况调整。我们还要通过种植管理来降低病虫害的发生率。保证葡萄架下无草，行间生草，以保证葡萄结果区通风，降低行间的水分的蒸腾量。说来说去，其实最主要的一点还是老天爷能少下几场雨，让我们可爱的葡萄不要生病。

第三节　葡萄园的秋季

葡萄园的秋天是多彩缤纷的。一叶知秋，不同的葡萄品种叶片会呈现不同的色彩，绿色的、红色的、黄色的，交织在一起好似一幅油画。当秋天来临时，葡萄也都在逐渐地成熟了，紫黑色的赤霞珠、马瑟兰，金黄色的霞多丽。秋天是一个五彩缤纷的世界，姹紫嫣红，万里亮彩！

一、成熟期

到了 8 月末、9 月初，转色后的葡萄就将进入成熟期了，根据所酿造葡萄酒的风味特点，进入成熟期的葡萄将被陆续采收。通常在葡萄采收前的一个月就开始停止打药了。酿造起泡酒的葡萄需要偏早采收以保证果实有较好的酸度，之后是酿造干白葡萄酒的原料采收，红葡萄往往在成熟末期甚至过熟期采收。过熟控制除了可以提升果实含糖量外，还可以促进果皮中的酚类物质成熟，但是，过熟控制又会造成风味物质尤其是香气物质的损失，这分寸之间的把控，就看酿酒师的本领了。

二、葡萄采收

葡萄达到满意的成熟度后便可开始采收。采收的方法分为机械采收或者人工采收，而酿造贵腐、冰酒等特殊葡萄酒的原料还可能进行多次采收。机械采收听起来似乎会对葡萄品质产生影响，其实不能一概而论。假如所酿造的是普通的快速消费型葡萄酒，控制成本是重要的管理内容，机械采收可以很好地实现成本控制；如果在较热的产区生产白葡萄酒，机械采收可以在凉爽的黎明进行；如果葡萄成熟度尚未令你满意，但天气预报说 3 天后有明显的降雨过程，则完全可以让葡萄继续在枝头成熟 3 天，在降雨前采用机械采收。除此以外还有很多种情况下机械采收可以相对提升葡萄的品质。

图 1-12　白葡萄采收

图 1-13　红葡萄采收

当然，对于那些充满了传奇历史文化的产区或者酒庄，人工采摘作为传统工艺的一部分而被坚持保留，则另当别论。

酿酒葡萄
采摘

图 1-14　葡萄园人工采收

种植师日记

葡萄转色期管理

7 月 12 日，多云 / 晴，24℃ /35℃，无持续风向≤3 级

伴随着伏天的到来，葡萄开始陆续转色了，那么接下来的日子我们要做

些什么呢？葡萄转色率达到50%为转色期起始点，转色期至葡萄成熟物候期约40~50天（根据天气状况以及葡萄品种等因素会有所差异）。此期主要工作如下：

①摘叶（转色完成后），双面均衡作业，使结果带完全露出，进一步形成良好的通风、光照环境，降低温度和湿度。注意必须保留维持生存、结果所需叶片数；

②关注结果区，转色期间做好病害的预防，对可能发生的病果、烂果给予更多关注，及时摘除，及时清园；

③继续不间断地进行中耕锄草，锄草后地面不得有杂草；杂草绝对不能覆盖到葡萄结果区，改善葡萄植株下部的光照和通风条件。

采样化验

8月2日，多云/阴，23~31℃，无持续风向≤3级

此时，园子里较早熟的葡萄品种，如美乐、霞多丽等已经基本完成了转色，化验室的姑娘们开始采样，对糖、酸、pH、百粒重、出汁率、籽的成熟度等项目做出检测，并进行数据分析，前期每隔一周采样一次，达到一定的成熟度后缩短为三天一次。酿酒师也会定期来到葡萄园，对即将成熟的葡萄进行品尝，在理化指标都达标的情况下获取最佳的香气物质。

采收日记

8月28日，晴/多云，20~32℃，无持续风向≤3级

今年的榨季，就这样到来了，葡萄园里的叔叔阿姨们，挎着桶，拿着剪刀，戴着头灯，开着拖拉机风风火火地直奔葡萄园，好不热闹！在他们精心的管理下，这一年的葡萄很棒，丰收的喜悦洋溢在每个人的脸上。

 第四节　葡萄园的冬季

北风起，天意寒，葡萄的叶子也慢慢地落下，回归大地的怀抱，在静静地告诉着我们，营养回流已经接近了尾声，储存了足够的能量，要开始一个漫长的冬眠期。

图 1-15　葡萄园冬季

一、冬剪

　　葡萄采收后，葡萄树体的生长通常没有结束，所以，仍然不能忽视葡萄园的管理，这时候葡萄叶片合成的养分集中存储于枝条和根部，以提升葡萄越冬以及来年萌芽能力。所以，对于早霜来临较早的葡萄产区，不宜过度控制过熟期采摘，如果再加上产量偏高的话，可能导致来年葡萄树体生长不良。当葡萄叶开始变黄掉落之时，寒冷地区的葡萄果农在冬天到来之前必须犁土，将葡萄藤覆盖以防葡萄树冻死。每年由冬季到来年 3 月这段时间必须进行剪枝的工作，在埋土防寒地区，需要在采收后至埋土前进行冬剪，以保证可以顺利进行埋土越冬，将已经木质化的葡萄枝条依照不同的整形修剪方式，去除多余的芽，并将枝条修剪成所需的形状。冬季修剪的目的有两方面：一方面是调节树体的营养生长与生殖生长，剪去部分无用枝条，使架面枝蔓分布均匀，通风透光良好，提高来年产量和质量；另一方面是防止结果部位外移，更新复壮，延长树体的有效结果年限。我们会根据品种的不同，树势的强弱，基部花芽的长势强弱等因素来决定是短梢修剪，还是中长梢修剪。霞多丽我们一般会选择短梢修剪；

图 1-16　葡萄冬剪

美乐和赤霞珠会选择短梢、长梢相结合的方式，以确保其负载量不会过大，又可以保持中庸的树势。还要考虑冬春季因冻害造成的枯枝失水、埋土防寒上下架过程中造成的机械损伤等因素，修剪时可多留出 10%~20% 的预备枝作为补充，待萌芽后再作处理。

二、埋土防寒

埋土防寒是我国黄河以北的葡萄种植地区特有的越冬方式，也是酒庄葡萄园管理的一项非常重要的工作。埋土防寒的时间一般在修剪后、土壤封冻前 10~15 天，也就是土温接近 0℃ 尚未结冻之前。具体时间应根据当地天气灵活应变。埋土的厚度则需要根据各地冬季的温度、土壤类型等因素决定。在波龙堡，我们的埋土厚度为 20cm（遇见石头较多的地方则增加到 40cm），拍实，增加其密实度，防止风将枝条抽干。

至此，葡萄藤将进入一个漫长的休眠期，直到第二年春暖花开。

图 1-17　葡萄休眠期

种植师日记

冬季灌溉

10 月 18 日，晴 / 多云，13~20℃，无持续风向 ≤ 3 级

最后一个地块的赤霞珠也已经采收完了，葡萄园后续的工作也在陆续地展开着，浇水是第一步，根据每块地的采收时间顺序依次进行，冬季土壤有充足的水分，可以避免根系出现冻害。

冬季修剪

10月22日，阴/小雨，8~11℃，无持续风向≤3级

丝丝缕缕的小雨，已经下了一天，而且根据中央气象台的最新气象监测预报，未来会持续很长时间的阴雨天，据专家预测，今年的冬季会提前到来。在综合了多方面的因素以后，我们决定要将计划好的工作提前，哪怕是营养回流的时间不太充足，也要赶在封冻以前，将葡萄埋好，确保其安全越冬。就这样，我们的冬剪工作开始了，葡萄果农们披着雨衣，戴着草帽，朝着最先采收的霞多丽走去。

埋土防寒

11月7日，雨夹雪/小雨，1~6℃，无持续风向≤3级

持续的降雨和降雪滋润了土壤，对于葡萄的安全越冬也是有利的，但却给我们的埋土工作带来了麻烦。由于我们的葡萄园土壤类型多样，很多砾石较多的地块只能通过人工埋土，寒冷的天气对葡萄农的身体就是一个大的考验，土壤湿度大，也加大了工作强度，辛苦了葡萄果农；机械埋土也遇到了类似的问题，湿度大，增加了机械的负荷量，出现了几次故障。顶着雨雪，冒着寒冷，最终我们在土壤封冻前两天将全部的埋土工作完成。

清园日记

11月17日，多云，1~10℃，无持续风向≤3级

顺利完成的每一项工作，都离不开大家的共同努力，今天开始，做最后一项清园工作，将架面上的枝条撤下来，运往我们自己的肥料场，堆肥发酵以后，再还给这片土地；将大风吹来的垃圾集中，送到垃圾回收站统一处理；将架面上的卷须和绑绳集中回收处理……

思考与练习

1. 试着绘制一幅你见过的或者想象中的葡萄园四季图。

2. 夏季是新梢生长转向果实生长的季节，搜集一下资料，对比在法国波尔多和中国宁夏贺兰山东麓的葡萄园，管理上有什么区别？

3. 临近采收期，此时天气预报3天后会有一场持续的降雨，但是葡萄还没有达到理想的成熟度，作为种植师，你会如何去与酿酒师进行协调？

4. 葡萄进入冬眠期以后，作为种植师，你觉得还需要做些什么工作？

第二章
葡萄园概况

本章导读

　　俗话说：葡萄酒是七分原料，三分酿造。葡萄的品质很大程度上影响和决定着葡萄酒的品质，而产区气候、葡萄园的土壤情况等对葡萄的品质又至关重要。因此在葡萄园建园前，应对所选区域的气候、土壤等因素进行综合评价，进而选取合适的葡萄园位置、葡萄品种及栽培方式。

　　本章主要讲解葡萄园位置的选择、定植模式、树形的选取及常见的酿酒葡萄品种，与之后葡萄园的管理章节相承接。

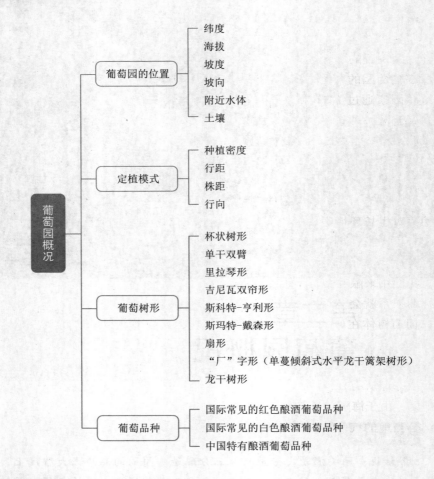

葡萄园概况
- 葡萄园的位置
  - 纬度
  - 海拔
  - 坡度
  - 坡向
  - 附近水体
  - 土壤
- 定植模式
  - 种植密度
  - 行距
  - 株距
  - 行向
- 葡萄树形
  - 杯状树形
  - 单干双臂
  - 里拉琴形
  - 吉尼瓦双帘形
  - 斯科特-亨利形
  - 斯玛特-戴森形
  - 扇形
  - "厂"字形（单蔓倾斜式水平龙干篱架树形）
  - 龙干树形
- 葡萄品种
  - 国际常见的红色酿酒葡萄品种
  - 国际常见的白色酿酒葡萄品种
  - 中国特有酿酒葡萄品种

学习目标

1. 了解不同酿酒葡萄的种植特点及酿酒特性；
2. 掌握葡萄园位置选择的依据和方法；
3. 能熟练说出酿酒葡萄常用树形及特点。

第一节　葡萄园的位置

　　葡萄园位置的确定是葡萄种植和葡萄酒酿造的重要阶段，酿酒葡萄的品质与所在葡萄园的纬度、海拔、坡度、坡向、附近水体、土壤等因素息息相关，这些因素通过影响光照、温度、降水、通风等影响着酿酒葡萄的生长。建设葡萄园是一项投资巨大的工程，因此，葡萄园选址时需综合考虑这些因素，以期在建园后的几十年获得品质较佳的酿酒葡萄原料。

一、纬度

　　葡萄对生长环境很敏感，在整个生长周期都需要适度且相对充足的热量和光照。处于低纬度的地区，由于全年高温、炎热、潮湿，易滋生病菌，且葡萄树体过量吸收水分，会导致因水分过多而裂果，因此不太适合种植酿酒葡萄。我们用来酿酒的葡萄品种多为欧亚种，其不耐低温，当温度低于 −6℃时，葡萄根系就会有不同程度的冻伤，处于相对高纬度的地区，全年气候偏寒冷，葡萄树体在冬季容易冻死或冻伤，且果实不容易达到理想的成熟度，因而也不适合种植酿酒葡萄。目前，全球各个葡萄酒产区基本上都分布于南北纬 30~50 度。在这个纬度之间，温度和光照条件相对能够满足酿酒葡萄的需求。但并非所有在这个纬度区间的区域都适合种植酿酒葡萄，同一纬度的不同地区，由于海陆位置、地形及洋流性质的不同还存在着气候差异，因此，还要结合当地的气候条件，对于不同的气候条件要选择与之相适应的葡萄品种与栽培方法。

　　当葡萄园的纬度（主要决定了当地的气候条件）确定后，该选择区域的海拔、坡度、坡向、附近水体、土壤等因素将决定葡萄园的具体位置。

二、海拔

　　海拔影响光照强度及环境温度，通常海拔升高会导致温度降低，光照强度增大，昼夜温差也会更加明显，葡萄生长期相对较长，有利于葡萄风味物质的合成，以及糖分和花色苷的积累，果皮也相对更厚（高海拔地区紫外线强度高，葡萄会长出更厚的果皮来保护自己），这对果实品质提升有重要作用。除此之外，高海拔地区通常土壤更加贫瘠，使得葡萄根系更深，从而所酿出的葡萄酒风味更加浓郁复杂。但是，过高的海拔因气温较低，会导致葡萄的成熟度不足，导致所酿葡萄酒酸涩。

三、坡度

坡度影响葡萄园的通透性。当葡萄园具有一定的坡度时，葡萄园的通透性好，葡萄感染病害的概率低，有利于葡萄园排水。但葡萄园的坡度影响葡萄园的管理，坡度越大，葡萄园管理越困难，不利于机械化操作，所以选择坡地时，坡度也不宜过大。

图 2-1　具有一定坡度的葡萄园

四、坡向

坡向影响光照的强度，对于北半球而言，南向山坡最佳，向阳的朝向可以将葡萄的光照程度最大化，有利于糖分的积累，并有利于提高葡萄果实的成熟度；东向山坡种植条件次之，可以获得上午阳光的充分照射；西向山坡再次之，因为主要依靠下午的阳光照射，温度较高，不利于光合作用的进行。北向山坡，如果坡度较大，则光照强度较弱不适合酿酒葡萄的种植；如坡度较小，可种植白色酿酒葡萄。

五、附近水体

水体的吸热和放热能力远高于空气和陆地，这使得水体对边缘气候有着良好的调节能力。对于冷凉产区而言，水体持续释放出的热量，对葡萄起到保温作用，进而辅助葡萄抵御霜冻。同时，水体的反光也一定程度上为葡萄果实的成熟提供了保障。对于炎热产区而言，水体上方的冷凉空气可以为附近的葡萄园降温，避免了果实因过分成熟而损失酸度。但是，水体的存在会增加空气湿度，从而引起葡萄真菌病害，因此在葡萄园选址时要避开湿度较大的地区。

六、土壤

虽然说不同的产区，其土壤类型有所不同，但栽培酿酒葡萄的土壤都不宜太肥沃，因为肥沃的土壤会使葡萄生长过于旺盛，出产的葡萄风味单一，不适合用来酿造葡萄酒。另外，葡萄园的土壤要有较好的排水性，且土壤要有足够的深度，在水分不充足的条件下，根部会努力地向下生长寻找所需水分，根部越深吸取的矿物质就越多，酿出的酒风味就越复杂。

图 2-2 山坡上的葡萄园

 ## 第二节 定植模式

葡萄的定植模式（主要包括种植密度、行距、株距及行向等）除了影响人与机械在葡萄园的操作外，还会影响光照与遮阴、阳光强度、通透性、树体长势等，进而影响葡萄的品质，同时定植模式还影响着空间利用效率。

一、种植密度

种植密度影响着葡萄地下部分和地上部分的利用空间。种植密度低，每株葡萄可以保留较多的枝条，则每株葡萄的产量提高，但种植密度过低时，则由于需要生长过多叶片，导致果实品质下降，且不能充分利用空间。种植密度较高时，每株葡萄的长势较弱，保留的枝条就会减少，从而导致每株葡萄的产量降低，增加建园成本。目前我国主要葡萄酒产区的种植密度通常为每公顷种植 2000~4000 株。

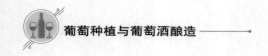

二、行距

行距的确定需考虑机械操作的便利程度及叶幕遮阴等因素。通常情况下，适合机械操作的行距需 ≥ 2m；叶幕遮阴受产区位置及叶幕高度的影响，为了保证酿酒葡萄采收前有足够的光照，行距一般控制在 2.3~2.5m。

三、株距

一般来说，株距小会使长势趋旺，增加植株间的竞争，且会增加葡萄园的建园成本，贫瘠的土壤上种植长势相对较弱的品种时应缩小株距；株距大则会加大树形构建的难度，并且会导致葡萄结果臂两端葡萄品质差异较大，如果葡萄园土壤相对肥沃，且种植的葡萄品种长势较旺，可适当增大株距。一般株距控制在 0.8~1.5m，其中 1m 的株距最为普遍。在冬季需埋土的产区，为了方便机械操作，行距通常较大，且频繁的埋土和出土会不可避免地导致个别葡萄树死亡，需适当降低株距。

四、行向

行向决定了植株对光照的最终利用率，通过行向的调整，可以增加树冠内部的热量，提高同化效能。研究表明，南北行向果实可溶性固形物含量、还原糖含量、总花色苷含量均高于东西行向。因此，在地形允许的情况下，应尽可能选择西北—东南向或南—北向，尽量避免夏季温度最高时（14：00）施加给葡萄的光胁迫。如只能安排东西行向时，应尽可能选择白色酿酒葡萄品种。

第三节　葡萄树形

葡萄作为藤本植物，不能直立生长，需要有攀附的实体用于枝蔓的生长，从而形成不同的树形。葡萄树形可以通过改变叶幕和树势，改变葡萄植株的叶幕层、光照强度、光照面积、温度、湿度和通风性等，影响到葡萄的营养生长和生殖生长，进而影响到葡萄的产量和品质。

葡萄树形的选择主要考虑当地气候条件、修剪的简易性、改善叶幕微气候、减少病害发生、提高果实品质及方便机械化操作。常见的酿酒葡萄树形有杯状形、单干双臂、里拉琴形、吉尼瓦双帘形、斯科特－亨利形、斯玛特－戴森形等，这些树形通常为非埋土防寒地区采用的树形，对于需进行埋土防寒的葡萄酒产区通常采用扇形、"厂"字形及龙干树形。

一、杯状树形

杯状树形是一种最古老的简易整形方式，这种树形比较矮，主蔓保留3~6个，每个主蔓的顶端分布着1~2个修剪过的短梢。短梢上生长出的新枝自由生长，呈杯状分布。

特点：这种树形适用于干燥、炎热、阳光充足、土壤贫瘠、含水少的葡萄园，植株的生长势相对较弱，不需要支架，但是其产量很低，无法机械化采收，只能手工采摘。

分布：主要分布在法国罗纳河谷、澳大利亚巴罗萨谷及西班牙的一些古老传统的葡萄园内。

图2-3　杯状树形

二、单干双臂

单干双臂树形的每株葡萄只保留一个直立粗壮的主干，用以支撑葡萄枝蔓，在距地面约60cm处留有两条主蔓，每条主蔓的长度与株距有关，如株距为1m，则每条主蔓的长度约50cm，在每条主蔓上着生结果母枝。

特点：单干双臂树形设计、管理简单，树形总枝叶量较少，叶幕厚度合

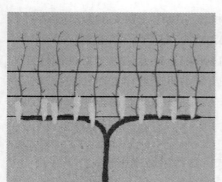

图2-4 单干双臂树形示意图

理，通风性好，适合湿度大、病害风险较大的地区。该树形的结果部位较一致，果穗离地面高度≥60cm，可有效避开白腐病菌等的侵染（一些病菌在葡萄根际20cm左右的土壤内越冬，能造成离地面40cm以内的架面病害）。此种树形的葡萄浆果的质量较高，成熟度较均一，方便进行机械操作。

分布：适用于不下架不埋土地区，是世界上酿酒葡萄应用较为广泛的一种树形，也是我国不需埋土防寒的葡萄酒产区最普遍的整形方式。

三、里拉琴形

里拉琴形是一种水平分离开叶幕的整形方式。整形时，主干向垂直于行向的两个方向上分生出两个侧干，侧干上再沿行向进行龙蔓整形，而形成两个相对平行的垂直（或向行间方向倾斜）叶幕。

特点：这种整形方式的树形较为开张，通气性和透光性好，可预防霉菌滋生，单株葡萄产量高。但树形构建时间长，建园成本及人工管理成本较高。

分布：在新世界的葡萄酒产区更为常见。

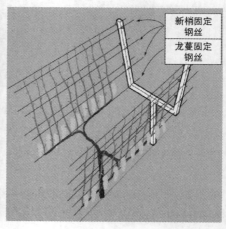

图2-5 里拉琴形（左）及示意图（右）

四、吉尼瓦双帘形

与里拉琴形类似，吉尼瓦双帘形也是一种水平分离开叶幕的树形。但其主干较高，约 1.35m，主干向垂直于行向的两个方向上分生出两个侧干，侧干上再沿行向进行龙蔓整形，新梢长出后通过绑缚使其向下生长，而形成两个平行的垂直叶幕。为避免新梢交叉生长，两个叶幕的间距不宜小于 1m。

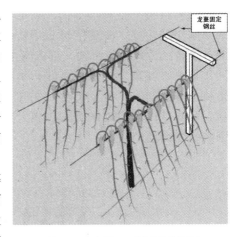

图 2-6 吉尼瓦双帘形示意图

特点：这种树形的结果带位于叶幕的上端，会增加果实的光照强度，进而增加葡萄中酚类物质的含量。此树形适合于生长势较旺的葡萄品种，产量较高且便于防病，可进行机械修剪，但不能进行机械采收。

分布：目前该树形在美国比较常见。

五、斯科特－亨利形

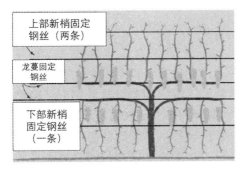

图 2-7 斯科特－亨利形示意图

它是一种垂直分离开叶幕的整形方式。与单干双臂相比，该树形需要培育有一定间隔的上下两条臂，臂上的新梢分别向上和向下绑缚，形成两个垂直分离的叶幕和两个结果带。

特点：这种树形能增加结果带的光照强度，也便于果穗管理，适宜于生长季多雨潮湿、病害威胁大的产区。应用此树形的葡萄园产量较高，较单干双臂树形产量高约 30%，可进行机械采收。但树形构建时间要比单干双臂长，劳动力需求较大。

分布：常见于美国俄勒冈州和许多新世界葡萄酒产区。

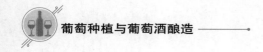

六、斯玛特－戴森形

与斯科特－亨利形类似，它也是一种垂直分离开叶幕的树形。但仅保留两条水平的主蔓，主蔓上进行短枝修剪。将主蔓短枝上抽出的新枝以向上和向下交替的方式进行绑缚，形成两个叶幕，两个叶幕间没有明显的空隙。

特点：叶幕之间通风良好，不易滋生病菌，可增加结果带光照，适宜于生长季多雨潮湿、病害威胁大的产区。

分布：广泛应用于美国、澳大利亚、智利、阿根廷、西班牙和葡萄牙等国家的葡萄酒产区。

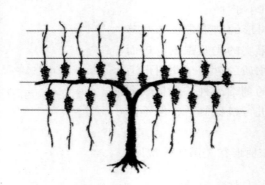

图 2-8　斯玛特－戴森形示意图

七、扇形

扇形树形的葡萄植株主干很短或无主干，在基部生长有多个主蔓，主蔓上再分生侧蔓，结果母枝着生在主蔓或侧蔓上，每株葡萄叶幕呈扇形。扇形树形根据修剪方式的不同分为多主蔓不规则扇形和多主蔓规则扇形。

特点：该树形主蔓数量较多，植株的更新容易，形成的枝蔓一般不会呈粗硬状态，适合埋土防寒。但扇形树形对修剪技术要求较高，如修剪不良则会出现结果部位快速外移。扇形树形的不同主蔓顶端优势不同，架面较乱，果实不在同一平面上，浆果品质不一，且结果部位较低，容易感染真菌性病害。该树形的新梢直立生长，需要及时引缚，比较费工，且不便进行机械化操作。

分布：是我国埋土防寒葡萄酒产区传统的整形方式。

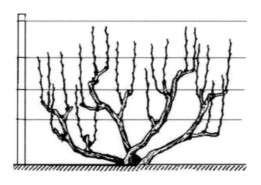

图2-9 扇形示意图

八、"厂"字形（单蔓倾斜式水平龙干篱架树形）

"厂"字形树形是参照单干双臂整形方式设计的新树形，以地面到第一根铁丝之间倾斜的多年生蔓为主干，水平绑缚在第一道铁丝上的多年生蔓为臂，臂上着生结果母枝。其主干与单边龙蔓构成一个"厂"字形结构。

特点：该树形实现了营养带、结果带、通风带三带的有效分离，结果带位置相对一致，便于机械化、标准化生产，大幅度提高劳动生产率，降低生产成本；主干倾斜，靠近地面，埋土、出土更容易，减少了每年埋土、出土对植株的损伤，提高了树体寿命，葡萄质量均一，产量稳定。

分布：是我国黄河以北埋土防寒葡萄酒产区近年来采用的树形。

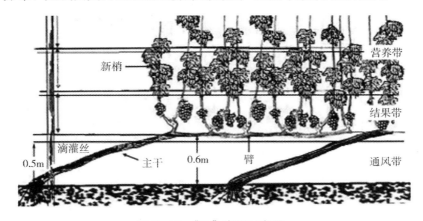

图2-10 "厂"字形示意图

·29·

九、龙干树形

根据龙干数目的多少，可以分为独龙干、多龙干等不同的形式，树形结构基本相同。在基部生出一条或多条主蔓，不留侧蔓，在每条主蔓上分布着许多结果枝，经过多年的短梢修剪，形成龙爪形的结果枝组，在主蔓的前端进行长梢修剪以延长架面。全株葡萄留一条主蔓的为独龙干树形，留多条主蔓的为多龙干树形。

特点：龙干整齐地分布在架面上，树势、产量易保持稳定，树形修剪简单。但结果部位不整齐，果实成熟度不均一，且随着主干的增粗，埋土及出土困难，易造成龙干断裂死亡。

分布：适用于埋土防寒地区，在我国的河北怀来和秦皇岛地区、宁夏贺兰山东麓、新疆等地广泛使用。

图 2-11　独龙干树形

第四节　葡萄品种

目前世界上约有 1.5 万个葡萄品种被命名，其主要通过营养器官的特性，如叶形和尖茸毛进行品种鉴定。根据葡萄的用途，可将葡萄品种分为鲜食品种、酿酒品种、制干品种等，本节主要介绍常见的国际酿酒葡萄品种及我国特有的酿酒葡萄品种。

一、国际常见的红色酿酒葡萄品种

（一）赤霞珠

品种特性：赤霞珠由品丽珠与长相思自然杂交而成。该品种果粒小，种子多，颜色深，果皮厚且韧性好（霉菌较难感染）。浆果易与果穗分离，有利于机械化采收。赤霞珠生命力顽强，其地下部分的生根和地上部分的萌芽能力都很强，发芽和成熟都较晚，经常躲过春季霜冻对幼芽的影响，但在成长过程中易感染白粉病。

国际常见的红色酿酒葡萄品种图集

酿酒特性：成熟度欠佳时，所酿葡萄酒常常伴有青椒味；成熟度较好时，该葡萄酿造的葡萄酒带有明显的黑加仑、黑樱桃等黑色浆果的香气，单宁强劲，酒体饱满厚重，陈年后会有雪松、松露、香草和咖啡等香气。与其他种植广泛的葡萄品种相比，赤霞珠最大的特点在于其酚类物质含量丰富。因此，它酿制出的葡萄酒颜色深，单宁强劲，具有巨大的陈年潜力。

栽培区域：赤霞珠是目前国际上种植面积最广泛的红色酿酒葡萄品种，在法国梅多克、美国纳帕、澳大利亚库纳瓦拉及玛格利特河等产区都有着极为出色的表现。

（二）美乐

品种特性：原产地是法国，其父本是品丽珠，因此，与赤霞珠"同父异母"。美乐的长势没有赤霞珠那么强，美乐的葡萄串较分散，果实更大，果皮更薄，因此对葡萄霜霉病的抗性也相对较弱。由于该品种开花较早，成熟期也偏早，但是发芽早的同时可能易遭受霜冻，冻坏芽苞，导致减产。在适应土壤方面，美乐偏好富含石灰石的黏土土壤。

酿酒特性：美乐葡萄酒的特点是单宁柔顺，口感圆润柔和，带有李子和樱桃等红色水果的香气，很受初学者喜爱。

栽培区域：美乐是一个国际性红色酿酒葡萄品种，它在全球的种植区域分布甚至比赤霞珠还要广泛，在法国（它是法国种植面积最广的葡萄品种）、美国、意大利、澳大利亚、新西兰、南非、智利等地都有着极为出色的表现。

（三）佳美

品种特性：佳美的发芽期和成熟期都较早，产量较高（特别是种植在肥沃土壤上时），需要人工控产，果粒中等大小，果皮薄、有韧性，对大部分真菌病害敏感。

酿酒特性：常用于二氧化碳浸渍法酿造的法国博若莱新酒，其栽培面积占博若莱葡萄栽培面积的一半。佳美葡萄酿成的酒，酒体轻，酸度高，以果味为主，常带有草莓和清新水果的香气。

栽培区域：广泛栽植于法国（博若莱产区的法定品种）、瑞士（种植面积第二大的红葡萄品种）、美国、加拿大、新西兰、南非。

（四）歌海娜

品种特性：该品种适宜在干热的气候条件下种植，抗旱性好，开花较早，但是成熟期较晚。果穗大而紧凑，果皮薄且色浅，对霉菌及细菌病害敏感。果实含糖量高，需要较长的生长期才能达到较高的成熟度，果肉密度高，产量较高。

酿酒特性：歌海娜色浅，通常用来酿造桃红葡萄酒，所酿葡萄酒常带有红色水果香气，如草莓、覆盆子以及白胡椒和草药的香气。为了弥补酚类物质的不足，在酿造过程中通常采取低温长时间的浸渍来充分浸提酚类物质。另外，较高的糖度和较少的单宁使得歌海娜适合酿造加强型葡萄酒。也经常与西拉、佳利酿、丹魄等进行混酿，为葡萄酒增加酒体和果香。

栽培区域：广泛栽植于西班牙（西班牙第三大红葡萄品种）、法国（栽培面积仅次于美乐）、意大利南部、澳大利亚。

（五）西拉

品种特性：又名设拉子，原产于法国罗纳河谷。西拉是一种适应性很强的葡萄品种，喜欢温和或炎热的气候，成熟期短，在凉爽的气候条件下无法成熟。西拉果粒小而紧密，果皮颜色较深，相对高产，抗病能力强，但比较容易感染白腐病。在适应土壤方面，西拉偏好花岗岩土壤。早在18世纪时，西拉就在法国罗纳河谷盛行，1832年，西拉被引入到澳大利亚，现已成为澳大利亚标志性红葡萄品种。

酿酒特性：酿造的葡萄酒颜色深，单宁强劲却较赤霞珠柔和，酸度中等偏高，带有皮革、甘草及黑色水果和黑胡椒的典型香气，极具陈酿潜力。在法国罗纳河谷，西拉经常和歌海娜、慕合怀特进行混酿，称为GSM混酿。典型的GSM混酿葡萄酒通常口感丰富，酒体饱满，带有黑色水果、皮革和香料等风味。在新世界国家，西拉经常与赤霞珠或美乐混酿，以增加葡萄酒香气的浓郁度及酒体层次感。

栽培区域：目前，西拉在新旧世界的众多产区均有种植，在法国罗纳河谷、澳大利亚巴罗萨谷、美国加利福尼亚州等产区都有着极为出色的表现。

（六）内比奥罗

品种特性：原产于意大利皮埃蒙特产区，该葡萄果实皮薄粒小，果皮较硬，因此具有较好的抗病性。对生长环境极为挑剔，生长期很长，开花较早（葡萄园选址时要避开春天霜冻频发的地区），采收期较晚，为了达到满意的成熟度，它需要充足的光照，通常种植在向阳的山坡上，较适合种植于石灰泥质土壤中。果实接近成熟的时候，表皮会形成一层类似薄雾的白霜，也被称为"雾葡萄"。

酿酒特性：该品种酿造的葡萄酒富含单宁，酸度高，需要多年陈酿，颜色较浅，通常带有覆盆子、红醋栗、烟熏、松露及紫罗兰的香气，巴罗洛和巴巴莱斯科产区的内比奥罗葡萄酒还会带有典型的焦油味。

栽培区域：主要栽植在意大利，其中巴罗洛和巴巴莱斯科为内比奥罗的经典产区，另外在美国、澳大利亚和阿根廷也有少量种植。

（七）黑比诺

品种特性：起源于法国勃艮第的红葡萄品种，对环境条件极为敏感，喜欢温和或冷凉的气候，在许多国家都有种植，但最著名的还是法国勃艮第产区，同时也是法国香槟大区酿造香槟的品种之一。其突变体有灰比诺、白比诺及莫尼耶比诺。灰比诺葡萄皮的颜色是浅棕红色或浅紫红色，灰比诺的酸度较低，糖度较高，最好的灰比诺产自气候比较冷凉的产区，法国阿尔萨斯产的灰比诺葡萄酒表现最为优秀。白比诺是由灰比诺发生两次以上颜色变异后得到的品种，白比诺抽芽较早，成熟较早，该品种果实颗粒小，生命力旺盛，十分耐寒，但容易感染真菌，最著名的产区是法国的阿尔萨斯。莫尼耶比诺属于发芽和成熟时间较早的品种，但是与黑比诺相比，其发芽较晚，成熟期早，因而种植期间不用担心冬季霜冻的问题，产量稳定，但易受灰霉病的侵袭，是法国香槟大区酿造香槟的品种之一。

酿酒特性：其酿造的葡萄酒颜色较浅，单宁细腻柔和，酒体润滑，香气复杂，常带有樱桃、草莓的香气；经过橡木桶陈酿后会具有烟熏、烘烤、雪茄盒的香气。酿造香槟时，黑比诺能定义整款香槟的基调，使其更具复杂度，还能给香槟增添酒体，并带来草莓、树莓、樱桃、蓝莓等水果的芳香。

栽培区域：主要栽植在法国、德国、美国、新西兰等地区。

（八）桑娇维塞

品种特性：意大利的一个古老酿酒品种，成熟过程缓慢，成熟较晚，果穗较大且松散，果皮非常薄，在潮湿的产区容易腐烂。桑娇维塞的耐旱性较强，能够适应各种类型的土壤，但在石灰岩土壤中生长的桑娇维塞品质更优。

酿酒特性：其酿造的葡萄酒颜色较深，酸度较高，单宁结实并与酒体自然平衡，香气丰富愉悦，带有黑樱桃、黑李子、紫罗兰等水果和花朵香气，另外还带有西红柿叶和甘草的气息。

栽培区域：在意大利的托斯卡纳，桑娇维塞是最重要的红葡萄品种，目前桑娇维塞也被引种到了新世界国家，如美国、澳大利亚、新西兰等。

（九）增芳德

品种特性：别名仙粉黛、金粉黛，起源于克罗地亚。增芳德是一种高产、中晚熟的葡萄品种，适宜种植于贫瘠、排水性好的土壤，喜欢温暖但不炎热的气候。其果穗较大，排列紧凑，对灰霉病比较敏感，容易出现果实成熟不一致的现象。

酿酒特性：增芳德葡萄酒通常果香浓郁，带有蓝莓、樱桃和李子等水果的香气，还有黑胡椒及甘草香气，口感强劲，酸度较高。因为含糖量较高，所酿葡萄酒酒精度较高，经常超过 15%vol。

栽培区域：增芳德在美国加利福尼亚州的表现最为出色，此外，在意大利、澳大利亚、克罗地亚、南非等地也有种植。

（十）马瑟兰

品种特性：由法国研究人员于 1961 年将赤霞珠与歌海娜杂交培育而成。马瑟兰品种果穗大，略松散，采收期较晚，适宜生长在炎热且阳光充足的环境中，在寒冷的区域难以成熟。其抗病性强，尤其抗灰霉病。

酿酒特性：马瑟兰酿造的葡萄酒通常酒体适中，呈深紫色，带有黑醋栗、黑莓等成熟水果及薄荷的香味，单宁细腻，陈酿性能很好。

栽培区域：该品种在法国的种植主要分布在朗格多克和罗纳河谷地区，在西班牙、美国、阿根廷和巴西也有少量种植。2001 年，马瑟兰第一次引入中国，现被广泛种植于河北、宁夏、新疆、山西、山东等中国葡萄酒产区。

红色酿酒葡萄除了上述品种外，还有品丽珠、丹魄、马尔贝克等。

二、国际常见的白色酿酒葡萄品种

（一）霞多丽

国际常见的白色酿酒葡萄品种图集

品种特性：起源于法国的白色葡萄品种。霞多丽果实皮薄，果粒较小，发芽和成熟较早，易遭受春季霜冻危害，适合各类型气候，耐冷、产量高且稳定，生命力较顽强，适合种植于石灰岩和钙质黏土中。采摘时机的确定对霞多丽来说尤为重要，这是因为霞多丽过熟时会导致酸度迅速下降。

酿酒特性：该品种除了生产优质佐餐酒外，也是生产最优质起泡酒（香槟酒）的品种之一。霞多丽对酿酒技术的适应性强，能用橡木桶发酵和陈酿，并可进行苹果酸乳酸发酵。在冷凉产区，霞多丽葡萄酒通常酒精度略低，酸度高，带有青苹果及柑橘类水果的香气；在较温和产区，霞多丽葡萄酒通常口感柔顺，带有桃和甜瓜等水果的香气。若采收较晚，在一些产区（如马贡、新西兰地区）可用于贵腐葡萄酒的酿造。

栽培区域：是世界上栽培面积最广的白色酿酒葡萄品种，在法国夏布利、智利卡萨布兰卡谷、新西兰马尔堡、澳大利亚雅拉谷、美国加利福尼亚州等地都有着极为出色的表现。

（二）白诗南

品种特性：起源于法国卢瓦尔河谷的白色葡萄品种。白诗南发芽较早，成熟晚，因此较易遭受霜冻天气的威胁，适合种植于砂质土壤及石灰质黏土中，果穗中等或偏大，果粒小且集中，产量高。非常容易受到灰霉病和白粉病的感染。

酿酒特性：可酿造优质甜酒、干型佐餐酒和起泡酒，白诗南葡萄酒常带有蜂蜜、湿稻草及桃子、菠萝等热带水果的香气和愉悦的花香，酸度强。

栽培区域：在法国卢瓦尔河谷、美国加利福尼亚州、澳大利亚玛格丽特河和南非等地都有着极为出色的表现。

（三）小白玫瑰

品种特性：又名白莫斯卡托、小粒白麝香，起源于希腊，是麝香葡萄品种中在全世界广泛栽培的品种之一。该品种发芽较早，成熟期较晚，产量较低，果粒较小且密集，皮薄多汁，有浓郁的玫瑰香味，抗病力弱，易受黑痘病、白粉病、灰霉病侵染。对土壤要求不高，适宜在积温较高的地区种植。

酿酒特性：酿造的干型葡萄酒，酒体饱满，通常带有柑橘、花朵和香料的香气；酿制的起泡酒口感香甜，带有玫瑰、甜瓜、蜂蜜的风味。这类葡萄另一个特征是可溶性蛋白的含量高，因此，必须采取特殊的预防措施，以避免产生蛋白质浑浊。在意大利阿斯蒂，小白玫瑰是生产起泡酒的主要品种。

栽培区域：在美国、澳大利亚、意大利、西班牙、匈牙利、奥地利、法国、南非、德国等地都有种植。

（四）雷司令

品种特性：是德国最古老的葡萄品种之一。其发芽较晚，因此免受春季霜冻的威胁，成熟期较长。该品种葡萄藤木质坚硬，因而十分耐寒，且十分耐霜霉病，但较易感染白粉病和贵腐菌。

酿酒特性：可以生产干型到甜型的新鲜、芳香和陈酿型葡萄酒。雷司令葡萄酒通常具有柑橘、苹果、桃子的香气，还有矿物质、汽油、煤油的风味。另外雷司令易感染贵腐菌，可用来酿造优质的贵腐葡萄酒。

栽培区域：在德国摩泽尔和莱茵高、法国的阿尔萨斯、澳大利亚伊顿谷和克莱尔谷等地都有着极为出色的表现。

（五）长相思

品种特性： 是波尔多主要白色品种之一，也是卢瓦尔河谷上游主要的白色品种。果实颗粒小且果串紧凑，因而易于感染灰霉和白粉病。其生长势较旺，适合种植在相对贫瘠且排水性良好的土壤上。发芽晚、成熟早，非常适合种植在寒冷的地区。

酿酒特性： 长相思葡萄酒最显著的特征是其十足的酸度，其次是其易于辨认的浓郁香气，经常伴有西番莲、接骨木花、百香果和矿物质等风味。

栽培区域： 在法国的卢瓦尔河谷、新西兰马尔堡、澳大利亚阿德莱德及智利中央山谷等地都有着极为出色的表现。在新西兰，长相思逐渐占据了统治地位，成为新西兰种植面积最广泛的葡萄品种。

（六）赛美蓉

品种特性： 赛美蓉是起源于法国波尔多产区的白葡萄品种，易于栽培，生命力旺盛，开花较晚，适合种植在阳光充沛但气候凉爽的地区。果皮薄且多汁，具玫瑰香味，较抗寒，但抗病性稍差，适宜种植在沙质土壤和钙质黏土中。

酿酒特性： 在适宜的条件下，赛美蓉会感染贵腐菌，可用来酿造甜美的贵腐葡萄酒，最著名的是法国苏玳产区，因为该产区的赛美蓉易感染贵腐菌，这种特殊的霉菌能让葡萄的糖分和酸度更加浓缩。酒液呈金黄色，随着时间的延长会变为琥珀色，香气丰富而又均衡和谐，有丰富的花香，并带有蜂蜜、干果、蜜饯的香气，口感圆润饱满，酸度平衡。赛美蓉酿造的干白葡萄酒带有细微的无花果、甜瓜及柑橘类水果的香气。

栽培区域： 在法国、澳大利亚、智利、美国、南非、新西兰等地都有种植。

（七）威代尔

品种特性： 威代尔是一个源自法国的杂交白葡萄品种。威代尔的果实粒小而珠串长，果皮较厚，成熟时间适中，耐寒，对霜霉病有良好的抵抗性，产量高，但容易感染白粉病、炭疽病与灰霉病，而且极易落果。

酿酒特性： 威代尔十分适宜用于酿制冰酒。用该品种酿制的冰酒芳香细腻，带有花朵、菠萝、芒果及桃杏等核果类果实的香气。

栽培区域： 威代尔在加拿大主要分布在安大略省，此外，在美国、瑞典、法国等地也有种植。

白色酿酒葡萄除了上述品种外，还有白玉霓、琼瑶浆、维欧尼等。

三、中国特有酿酒葡萄品种

（一）龙眼

品种特性：龙眼在中国有着较长的栽培历史，果实呈紫红色或深玫瑰红色，果串紧凑，颗粒较大，其果皮相对较薄，甜度与酸度平衡良好，植株长势旺盛，适合在旱地和轻度盐碱地上种植，是一个晚熟葡萄品种。龙眼葡萄既是我国古老的鲜食品种，又是酿造白葡萄酒的传统品种之一。

中国特有酿酒
葡萄品种图集

酿酒特性：龙眼葡萄酿造的葡萄酒通常呈淡淡的黄绿色，富有清新的果香，其风味鲜明，酒体中等到饱满，酸度怡人。

栽培区域：龙眼葡萄在河北怀涿盆地的栽培面积最大，在河北昌黎区、山西清徐和陕西榆林等地也有非常不错的表现。

（二）北冰红

品种特性：北冰红是中国农业科学院特产研究所于1995年培育出的新品种，为国内培育出的第一个酿造冰葡萄酒的山葡萄品种。果穗紧，果皮较厚，果皮韧性强，果实含糖高，总酸和单宁适中，耐寒极限零下37℃。

酿酒特性：在树上自然挂果至冰冻，可用于酿造冰葡萄酒。其酿造的冰葡萄酒，呈深宝石红色，具浓郁悦人的蜂蜜和杏仁复合香气，果香突出，酒体平衡丰满。

栽培区域：目前主要在我国吉林、辽宁等地种植。

（三）公酿1号

品种特性：1951年由吉林省农业科学院果树研究所以玫瑰香与东北山葡萄杂交培育而成，是我国主要的山葡萄品种之一，与它相似的还有公酿2号。植株生长势强，产量适中，适应性强，极耐寒，耐旱，耐湿。

酿酒特性：所酿造的葡萄酒呈深宝石红色，酸甜适口，回味长，具山葡萄酒的特性。

栽培区域：在我国东北地区栽培较多。

（四）北玫、北红

品种特性：由中国科学院植物研究所以玫瑰香与山葡萄杂交培育而成的抗寒、抗病新品种。浆果成熟晚，抗寒性强，抗白腐病、炭疽病能力强，抗霜霉病能力较强。在我国东北、华北地区及西北部分地区冬季不需埋土防寒。

酿酒特性：北玫酿成的葡萄酒酸甜可口，入口柔和，酒体丰满，颜色为

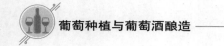

浅宝石红色，带有玫瑰红晕，具有愉悦的玫瑰香味。北红酿成的葡萄酒带有蓝莓和李子的香气，入口柔和，酒体平衡，颜色为深宝石红色。

栽培区域：主要在北京、天津、宁夏等地区种植。

思考与练习

1. 在常见的酿酒葡萄树形中，哪种树形为将叶幕分离开的整形方式？

2. 长相思葡萄酒的著名产区有哪些？其酿造的葡萄酒的典型香气有哪些？

3. 葡萄园附近的水体对酿酒葡萄有怎样的影响？

第三章
葡萄园的管理

本章导读

　　本章共分为 8 个小节，从葡萄树的整形修剪、生长季细节管理、嫁接技术的应用、土肥水管理、病虫害及自然灾害等方面对葡萄园的管理进行详细解读，通过实例来进行具体说明，并结合丰富的图片进行画面输出。

　　通过对本章的学习，为接下来的葡萄酒酿造部分做知识储备。

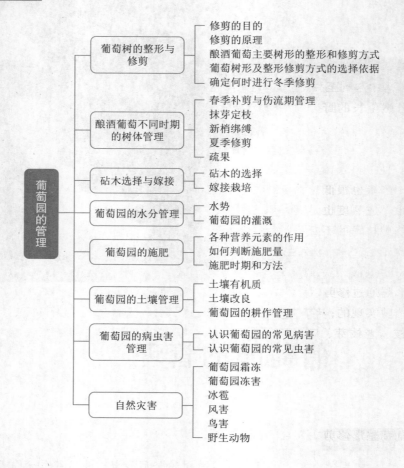

葡萄园的管理

- 葡萄树的整形与修剪
  - 修剪的目的
  - 修剪的原理
  - 酿酒葡萄主要树形的整形和修剪方式
  - 葡萄树形及整形修剪方式的选择依据
  - 确定何时进行冬季修剪
- 酿酒葡萄不同时期的树体管理
  - 春季补剪与伤流期管理
  - 抹芽定枝
  - 新梢绑缚
  - 夏季修剪
  - 疏果
- 砧木选择与嫁接
  - 砧木的选择
  - 嫁接栽培
- 葡萄园的水分管理
  - 水势
  - 葡萄园的灌溉
- 葡萄园的施肥
  - 各种营养元素的作用
  - 如何判断施肥量
  - 施肥时期和方法
- 葡萄园的土壤管理
  - 土壤有机质
  - 土壤改良
  - 葡萄园的耕作管理
- 葡萄园的病虫害管理
  - 认识葡萄园的常见病害
  - 认识葡萄园的常见虫害
- 自然灾害
  - 葡萄园霜冻
  - 葡萄园冻害
  - 冰雹
  - 风害
  - 鸟害
  - 野生动物

学习目标

1. 掌握如何因地制宜，用最适宜的葡萄园管理方式，来获得该产区最优质的酿酒葡萄原料；

2. 掌握几种葡萄的整形修剪方式；

3. 掌握如何通过葡萄园不同时期的细节管理来扬长避短；

4. 掌握如何更好地使用砧木；

5. 掌握如何通过水、肥、土的平衡运用，做好葡萄病虫害的有效防控，让葡萄健康生长，为葡萄酒酿造提供优质的葡萄原料。

第一节 葡萄树的整形与修剪

葡萄的整形与修剪，在葡萄的栽培管理中起到至关重要的作用。

自然生长的野生葡萄，其长势很强，枝蔓向上而生，导致营养生长旺盛，葡萄的果实部分只是为了物种的种子自然传播，因此，果穗很小，产量也很低，采摘起来也比较困难，成熟度也是参差不齐。伴随着修剪技术的不断科学化，葡萄栽培也由自然生长转为定向生长，管理由粗放模式转为集约模式。葡

图 3-1 葡萄的整形修剪

萄整形是通过修剪以及绑缚等措施使葡萄植株具有一定的形状，因此整形是通过修剪实现的；修剪就是全部或部分地去除葡萄的某些器官，如新梢、一年生枝、老枝芽、叶或果穗等。通过整形修剪来获得不同加工特性的葡萄原料。

一、修剪的目的

葡萄整形修剪主要是为了追求高品质，或是追求高产量，也可以是将二者统一后得到一个平衡。总之，这些都是可以通过整形修剪来实现的，通过整形修剪还可以实现方便人工或是机械化操作，也可以增强景观效果，成为酒庄旅游的一大特色。主要可以总结为以下两点：

（1）控制枝条和树形的伸长，保持树形，以减缓衰老，并使植株在设定的空间内生长；

（2）控制芽（或新梢）的数量，以调节和平衡植株的产量和长势。

葡萄的修剪可分为冬季修剪和夏季修剪两种。

二、修剪的原理

拥有理论知识，是一个种植师必备的素质，只有理论知识掌握得更加全

面，才可以在实际的葡萄园管理中不断地积累经验、优化技术。在选择整形方式和修剪技术时，必须了解修剪的一般原理。

（一）结果母枝的长短

在修剪时，根据修剪后所留下的一年生枝的长度，可将修剪方式分为短梢修剪、中长梢修剪和长梢修剪三种。短梢修剪保留2~3个芽眼；长梢修剪则需要保留4个以上芽眼；中长梢修剪介于二者之间，只有个别具有品种特性的葡萄品种会使用，在大部分葡萄园中不常见。

葡萄虽然是藤本植物，但是与其他落叶果树一样，枝条不同高度的芽的萌发力与结果能力表现差异明显。因此，对于结实性差的品种，应进行长梢修剪；对于结实性强的品种，最好使用短梢修剪；对于结实性中等的品种，修剪方式决定于其树势的强弱，树势较弱的情况下宜采用短梢修剪，通过修剪可以起到恢复树势的作用，而树势表现过强，则可以用长梢短梢相结合的方式进行整形修剪。而树势的强弱受品种、砧木及土壤、气候等因素的影响。

图3-2　短梢修剪

图3-3　长梢修剪

（二）树形的延续

葡萄的修剪要有一个长远的规划，这是一项具有延续性的操作，通过修剪来控制、引导整个植株未来的走向。否则，葡萄植株的主干、主蔓等多年生部位的过多伸长会加速植株的衰老，同时也会影响夏季修剪的操作，可能会影响新梢的生长长度，导致叶面积不足而影响葡萄品质，如果过于郁蔽，也会增加病虫害的发病概率。在这些部位上，还留有很多修剪后的伤口，经过长时间水分的流失，在这些伤口上，会形成一些锥状的死组织，从而影响树液的流通。所以，应尽量限制多年生部分的伸长以及修剪伤口的数量，在修剪时，剪口也不要太深，预留出干缩的部分。

葡萄具有顶端优势的生长习性，顶端优势的程度在不同葡萄品种上表现也不同。控制葡萄新梢生长的顶端优势，可采取以下措施：

（1）长梢拉枝弯曲。将长梢拉平或弯曲，以降低顶端优势的影响，促进枝条基部新梢的生长。

（2）多年生主蔓上结果母枝的布局。可在长梢的下部留一短梢，以形成更新枝，这就是居由式修剪（Guyot）的基本原理。

（3）生长期扭伤干预。可在葡萄新梢生长至 4~6 片叶子时，将生长旺盛的枝条扭伤，来抑

图 3-4 居由式修剪（Guyot）的基本原理
（九顶庄园朱化平拍摄）

制其生长势，此方法为补救措施，而且人工成本巨大，在酿酒葡萄园中不常用到。

（三）如何判断留芽量

不同的葡萄品种，在不同节位芽的结实能力所表现出来的差异很大，同时，也受生态条件和栽培条件的影响。因此，在进行修剪的时候，就要根据不同葡萄品种的生物学特性，再结合当地的气候条件、土壤条件等因素，来综合判断其留芽量。

例如黑比诺、霞多丽等品种在法国气候温凉地区选择长梢修剪，保留 6~8 个芽才能获得更好的品质和产量；在较为炎热的美国加州地区，这些品种的结实能力显著提高，选择短梢修剪则为更佳。而在中国的西部地区，地处温带大陆性季风气候的宁夏贺兰山东麓产区的葡萄园，冬季需要进行埋土防寒越冬，成熟期天气干热，导致葡萄糖分积累过快，而酸度不足。该产区内的停云酒庄种植的白葡萄品种，如霞多丽、雷司令、瑚珊、维欧尼等品种，选择中国特有的独龙干树形，短梢与长梢相结合的修剪方式，不仅获得了令人满意的产量，还可以保留更多的酸度，得到非常不错的白葡萄酒。

三、酿酒葡萄主要树形的整形和修剪方式

所谓整形修剪方式，就是所有获得构成树形的主要骨架和着生一年生枝主臂（主蔓）的技术的总称。我们现在的酿酒葡萄种植所采用的树形可以分为高主干和矮干两类；从修剪方式上可以分为杯状树形、水平树形、扇形或直立形等；从架式上可以分为篱架、棚架、V 形架或是无架等。在冬季非埋

土地区，多采用篱架方式，矮干或中高主干，但是在我国黄河以北的大部分酿酒葡萄产区，冬季需要将葡萄藤下架进行埋土防寒越冬，这样就限制了很多我们可选择的树形，目前在这部分产区主要使用的树形有多主蔓扇形、龙干形以及"厂"字形等。

（一）杯状整形

杯状整形主要分布在地中海地区一些古老的葡萄园内，较为著名的有西班牙和南法地区的老藤歌海娜，多采用此架形；在我国的山东产区等沿海产区以及陕西黄土高原等非埋土产区也有一些酒庄在使用。其特点是树干低矮，主蔓保留 3~6 个，每个主蔓留 1~2 个短梢修剪，在同一水平呈杯状均匀分布，可以保证叶幕量和果穗的光照，不需要支架，但是产量很低，很多老园子无法实现机械化操作。而近些年为了实现更多的机械化管理，对传统的种植模式进行了一些调整，在前期定植的时候会使用木棍进行支撑，以保证主干更加直立规范，并调整了种植密度，以便于大型机械的进入。

图 3-5　杯状树形

图 3-6　青岛九顶庄园的杯状树形

（二）单干水平整形

这种树形是目前在酿酒葡萄上应用比较广泛的，主蔓称为臂，有单臂、双臂，甚至多臂，主蔓基本呈水平分布。单干水平整形包括居由式整形和高登式整形。

1. 居由式整形（Guyot System）

居由式（Guyot）整形和双居由式（Double Guyot System）整形与其他整形最大的区别是居由式整形没有明显的主蔓，是在主干修剪留下一套结果枝组，由一个或多个长梢修剪的结果母枝和 1~2 个短梢修剪的预备枝，长梢结果母枝顺向或逆向水平绑缚在架丝上。

居由式整形操作简便，易于掌握技术要领，可以适当密植，既可以保证产量，又可以保证质量，而且易于机械化操作，但是无法进行机械修剪，要控制产量不可太高，否则容易造成树势早衰，影响葡萄品质和树的寿命。

2. 高登式整形（Cordon System）

高登式树形是采用单臂或者双

图 3-7　双居由式树形春季萌芽

臂（也被叫作单干单臂和单干双臂树形），短梢修剪，其优点是新梢排列整齐，果实分布在同一水平线，便于日常管理及病虫害的防控，可以实现机械化冬剪。不足之处是需要注意抹芽定枝，抹芽的时候留基部的萌芽，否则会导致结果母枝逐年上移，更新主蔓较困难；另外在主干与主蔓拐弯处的新梢容易出现长势过旺的现象。主蔓的长度根据品种特性、树势以及土壤肥力的情况而定，一般选择 0.5~2.0m，贫瘠的土壤或者种植密度较大的葡萄园可以留短一点，反之留长一点。

图 3-8　单臂高登式树形

图 3-9　埋土防寒区单臂高登式树形

（三）扇形整形

扇形整形的特点是主干很短或无主干，直接从地面处分生出多个主蔓，一般为 2~5 个，主蔓上分生结果母枝进行短梢修剪或是保留 4~8 个芽眼的中长梢修剪并进行水平绑缚。这种树形在我国黄河以北的埋土防寒的葡萄酒产区较为常见，最初为多主蔓不规则树形，对结果母枝的数量以及修剪长度没有专门的技术指标，主要的目标是方便倾斜下压进行埋土防寒，同时可以减少机械损伤带来的减产问题，即使折断或是冻死一根主蔓，还有其他的主蔓可以补充。

1. 多主蔓自由扇形

这种树形下一般保留 4 个主蔓，每个主蔓上保留若干个侧蔓，每个侧蔓上再保留多个结果母枝，其产量可以达到较高的水平。但是没有一个固定的修剪技术体系，尤其是葡萄果农很难掌握，侧枝和结果母枝等容易混淆，往往会出现留芽量过大而造成产量过高，还会造成植株出现早衰。

2. 多主蔓规则扇形

此树形是在传统的基础上进行改进，采用"宽行距、窄株距、合理密植"的模式，采用 2.5~3.0m 的行距、0.6~0.8m 的株距，每株保留 2~3 个主蔓，每个主蔓留 1 个中长梢修剪和 1 个短梢备用枝的结果枝组模式，将结果母枝水平绑缚在同一高度的架丝上，每个结果母枝上留 4 个有效芽。这样的树形将葡萄自下而上分为了通风区、结果区和营养生长区，既保证了产量，又保证了果实的一致性，其缺点是更新主蔓的工作量太大。

整形方法：于定植当年培养 2~3 个粗壮新梢，冬季进行长梢修剪，各留长 45~55cm 并固定在第一道铁丝上，培养成 2~3 个主蔓。次年再从近地面选留 1~2 个粗壮新梢，形成具有 3~4 个主蔓的中型扇形树形，每个主蔓上配置 2~3 个长梢（4~8 个芽，根据长势而定）和 1 个短梢。

图 3-10　多主蔓规则扇形树形

（四）龙干整形

龙干树形，是我国黄河以北埋土防寒地区非常古老传统的树形，着生均匀分布的结果母枝的多年生长蔓。分为独龙干和多龙干，目前在我国的河北怀来和秦皇岛地区、宁夏贺兰山东麓、新疆等地依然在广泛使用，多采用独龙干篱架。

独龙干篱架整形株距一般在 0.4~0.8m，春季出土后直立或倾斜上架绑缚，操作简单，用工量少，并且夏季管理简单。根系比较集中，拥有较大的叶面积，光合利用率高，产量高，但是果实高低分布不均匀，果实成熟度无法一致，对于酿酒葡萄来说，这是很大的一个弊端，用来酿造红葡萄酒多会出现生青味等不愉悦的风味，并且在后期浸渍的时候，不成熟的种子会出现粗糙的苦涩味。但是在近几年酿酒中发现，这种树形下的白葡萄品种，如霞多丽、雷司令等，在我国西部的干热产区，由于成熟度的不一致，可以保留更多的酸度，所酿造的白葡萄酒更加平衡、清爽。

整形方法：第一年，春季定植苗木，短截留 2 个芽，冬季修剪时选生长粗壮的枝条在粗度 1.2cm 以上成熟部位短截，培养做龙干，其余枝条疏去。第二年，继续延长龙干长度，将基部 50cm 以下的新梢全部抹掉，中部新梢可适当保留。冬剪时在 50cm 以上部分进行短梢修剪，留 2~3 个芽做结果母枝，每米密度 6~7 个短梢。龙干延长枝在粗壮处长梢修剪，留 6~8 个芽。第三年，开始少量结果，冬剪时对上一年的结果枝留 2~3 个芽短梢修剪，对 1 年生枝继续短截培养结果母枝，龙干延长枝则根据实际状况灵活调整。

图 3-11 独龙干树形修剪

图 3-12 独龙干树形果实状况

（五）"厂"字形整形

"厂"字形树形也叫单蔓倾斜式水平龙干篱架树形，是在我国黄河以北葡萄产区冬季需要进行埋土防寒的气候背景下诞生的，是基于单干水平整形衍生而来的一种树形，其主干部分向一侧倾斜生长，与地面的夹角在 30°~45°，主蔓或长梢修剪的结果母枝向一侧水平绑缚。整个树形形似汉字"厂"，因此称之为"厂"字形。

1."厂"字形的整形修剪

（1）行距3~4m，株距0.8~1.5m，主干与地面呈30°~45°倾斜上架。根据不同产区的气候条件，结果带距离地面0.5~1.0m，单篱架。

（2）冬剪时可选用单侧高登式修剪、单侧或双侧居由式修剪。

2."厂"字形的优点

（1）便于埋土，降低埋土的机械损伤。

（2）便于机械化管理，包括夏季修剪、行下除草、摘叶、机械采收等。

（3）便于病虫害防控。

（4）便于控制产量，修剪、抹芽、疏果都相对简便。

（5）果实成熟度一致，品质高。

图3-13　"厂"字形整形

虽然"厂"字形有诸多优点，但是在一些成熟期积温过高的偏热产区，如宁夏贺兰山东麓、新疆等西部产区，则主要表现为糖分含量过高，酸度不足，种子成熟度不佳。这就导致葡萄酒酒精度偏高，而且常有发酵不彻底、pH值偏高、酚类物质成熟度不够、伴有生青味等问题，往往需要通过补充氮源，或是优化工艺进行调整，尤其是白葡萄酒，需要提前采收保留酸度，或是大量地补充酒石酸才可以获得平衡。

四、葡萄树形及整形修剪方式的选择依据

葡萄园选择什么树形，在建园时就应该考虑好，否则一旦葡萄栽下了，再想去改，将会花费比建园还要高的成本。葡萄树形及整形修剪方式的选择主要考虑气候条件及土壤特征、机械化程度、产量目标。

（一）气候条件及土壤特征

在建园前，我们一定要先去了解当地的气候特征，分析并掌握近20年的气象数据、极端天气出现的概率等因素。如休眠季是否会出现冻害，成熟期降雨量如何，病虫害发生率是多少等情况。

在我国黄河以北的葡萄产区，如河北怀来、北京房山以及宁夏贺兰山东

麓，这些产区冬季寒冷干燥，需要对葡萄进行埋土防寒才能安全越冬，在这些产区就要选择倾斜主干的树形，如"厂"字形、多主蔓扇形、独龙干等，近些年来"厂"字形较为普遍，主要是因为便于管理，减少用工量，同时，所得到的果实成熟度一致性更好。即使当地夏秋比较湿热，病虫害问题较为突出，"厂"字形的使用也可以降低病虫害的发病率。

在无须埋土防寒地区各种树形均可以应用，夏季降雨量少的地区可以使用矮干树形，因为矮干能充分利用热能，葡萄成熟好，品质好，树体营养利用率高；在夏秋湿热地区不能用矮干，因为矮干贴近地面病害侵染容易，因此，只能用高干或中高干。在我国不埋土但病虫害又比较严重的地区，主干的高矮是一个需要重点考虑的问题。目前在山东产区和陕西黄土高原等不埋土的产区，多使用单干双臂树形，一般结果带距离地面约 0.6~1m。

（二）机械化程度

酿酒葡萄园的标准化种植、机械化管理势在必行，在目前暂不考虑机械化采收或预修剪的情况下，主要考虑机械化作业如中耕除草、喷药等。棚架和适于密植的树形如杯状树形等不利于机械作业，因此大规模的葡萄园考虑到节省人工与实施机械化管理，应采用行距较大，架面较高，果穗排列位置固定，适于机械作业的规范化树形。

（三）产量目标

不同树形的产量潜力不同，杯状树形留芽量有限，产量不如居由式，尤其是复式居由式树形，但酒质明显好。独龙干和多主蔓不规则扇形的产量很高，但是品质不一，如酒庄的定位在中低端产品，则可以考虑该架形。

以宁夏停云酒庄红葡萄品种为例，酒庄葡萄园位于宁夏贺兰山东麓产区金山子产区，葡萄园海拔 1100 米，建立之初，综合考虑下列几点：

（1）葡萄园选址位于我国的埋土防寒区，因此，需要选择易于埋土的架形。

（2）贺兰山东麓属于干热产区，成熟期糖分积累过快，风味物质会积蓄不足，并且金山子产区由于土壤砾石含量高，地面热辐射会加快葡萄糖分的积累。

（3）该产区几乎无病害，虫害种类也较为单一，整体可忽略。

（4）随着我国人口老龄化，若想要葡萄园能够持续健康发展，实行机械化管理势在必行。

（5）酒庄旨在生产高品质、高性价比的葡萄酒。

因此，酒庄采用"厂"字形的整形方式，果实距离地面 0.9m，整个架面高度 2m，顶部新梢下垂 0.5m，可起到部分遮阴的效果；酒庄葡萄园分级控制产量，特级园亩产控产小于400kg，一级园控产600~800kg，普通园控产1000kg。既满足了机械化作业，又可以控制酒庄的投入产出比，实现健康可持续发展。

图3-14　宁夏停云酒庄葡萄园

五、确定何时进行冬季修剪

冬季修剪可以在整个葡萄休眠期进行，即从落叶后直到第二年春季萌芽前都可以进行。在实际确定修剪期时，还应考虑以下因素。

（1）避免在霜期进行修剪。在霜期中，枝条很脆，易断，且剪口不平，剪口对霜冻敏感。

（2）春季晚霜。修剪越早，萌芽越早，所以在春季有霜冻的地区，应推迟修剪，利用其顶端优势，延迟有效芽的萌发时间，以避免春季霜冻的危害。

（3）春季伤流。如果在春季不存在或晚霜出现概率极低的地区，应尽早进行修剪，给剪口一些愈合的时间，这样可以避免伤流期养分消耗过大。

（4）人工的安排。特别是在种植有其他农作物的地区，早春是农忙季节，更应合理安排人工。

各地可在综合考虑上述因素的基础上，确定相应的修剪时期。但在需冬季埋土防寒的地区，一般应在埋土前完成冬剪，以保证可以在土壤封冻之前完成埋土防寒工作，使葡萄顺利越冬，冬剪的时候可以适当地多留一些芽，给冬季冻害和埋土出土的机械损伤做预留，在春季萌芽前进行一次补剪。

第二节　酿酒葡萄不同时期的树体管理

酿酒葡萄由于其功能的特殊性，需要同时进行大批量的采收，然后进行加工处理，而如果出现了部分成熟度不佳的果实，在所酿的葡萄酒中就会有所体现，比如生青味、粗糙生涩的单宁、颜色较浅等，因此，在酿酒葡萄生长季节的树体管理上，与鲜食葡萄的差异很大，不需要像鲜食葡萄管理得那么精细，相对"粗放式"的管理更适合酿酒葡萄。"全园一棵树"是对酿酒葡萄管理的一致性的一种表达。

图 3-15　葡萄园的夏季管理

一、春季补剪与伤流期管理

（一）春季补剪

这项管理工作主要是在需要埋土防寒的地区进行的，由于葡萄每年冬季埋土、春季展藤以及上架绑缚都会对冬芽及枝干，甚至是根系造成或多或少的伤害，而且展藤后上架绑缚，与冬季修剪下架时的规划也会出现不同之处，因此，春季上架后进行补剪是很有必要的。主要的操作就是将冬剪时预留不合理或是疏忽遗漏的部分进行更正，在萌芽前先保证一个良好的一致性基础。

（二）葡萄春季伤流期管理

伤流是植物的一种正常生理现象，指从受伤的植物组织溢出无色无味透明液体的现象。早春根系开始活动，吸收水分和无机盐类，同时根部和多年生枝蔓储藏的有机养分变为可给态运送到各生长点用于根和新梢的最初生长。储存淀粉和蛋白质的重新活动及糖类和氨基酸达到木质部的脉动作用引起根压，造成伤流。葡萄萌芽前有一个明显的伤流阶段，这与其他大多数落叶果树不同。葡萄伤流的产生是树液开始流动的一种表现，标志着新一年葡萄生命力的逐渐恢复。植物体内水分的运输是一个非常复杂的过程，既受植物自身生理特性的影响，也受温度、湿度、太阳辐射、风速等外界环境的影响。

由于酿酒葡萄生长势偏中庸，因此，伤流对于酿酒葡萄生长和产量影响很小，在生产实践中不需要太在意其对葡萄的负面影响。

二、抹芽定枝

葡萄的实际萌芽状况，大多不会像我们预想的那样，修剪时留下两个冬芽，就萌发两个新芽。而是会出现一个冬芽萌发了三个芽，甚至更多；结果母枝基部萌芽力不足，或是过强，隐芽大量萌发；预留的结果母枝萌芽不整齐，长梢只萌发基部和前端，中间不萌发，短梢只萌发上端的芽，基部不萌发；主干、主蔓以及根部的芽眼大量萌发萌蘖枝，浪费养分，等等，这些现象，都是我们在管理上不希望出现的。抹芽定枝在葡萄园的周年管理中至关重要，不仅会影响葡萄的产量及品质，还会影响葡萄树形的可持续性。我们需要在春季进行抹芽定枝。

1. 抹除萌蘖枝

春季萌芽和新梢生长主要利用的是上一年的储藏养分，萌蘖枝更靠近主干或是根部，要先于正常冬芽的萌发，在春季萌芽期会大量地消耗葡萄树体的养分，严重时甚至会影响到正常冬芽的萌发。因此，一般来说第一轮的抹芽就是除去这些无用的萌蘖枝，越早处理越好。对于一些萌蘖枝较多的大型葡萄园，也可以使用一些化学药剂进行除萌蘖。如果整株葡萄需要更新，则根据实际情况，在根部保留1~2根长势好的萌蘖枝，用来重新培养。

图3-16　萌蘖枝

2.抹芽定枝

抹芽定枝的时间点是不固定的，需要根据该地区的气候条件、土壤水肥状态、葡萄品种以及人工情况等因素来确定，每一个葡萄园都需要根据自身情况来制定出适合自己的抹芽技术标准。

图 3-17　葡萄果农操作春季抹芽定枝

图 3-18　抹芽定枝效果

当新梢长到 3~6 个叶片，已经能辨别花序时，应根据葡萄枝条的越冬状况和花芽的发育质量，开始进行抹芽定枝。抹芽的要求如下：

春季抹芽定枝操作视频

（1）抹去双生枝芽和三生枝芽，以及基部轮状芽。

（2）短梢修剪如果出现新梢过密，可采用留单芽或是单双芽交替抹芽法，原则是留下不留上。

（3）长梢修剪留向上的芽，水平空间每隔 6~8cm 留一个芽。

（4）预备枝不要影响正常枝生长。

三、新梢绑缚

新梢在木质化之前，枝条比较柔软，如果不进行管理就会垂下来，影响光照、通风和喷药等，且基部易折断。因此，当新梢长到一定长度之后需要及时进行绑缚，像杯状整形等无架材的树形是不需要绑缚的。传统绑缚新梢的方法是用麻绳、稻草或塑料绳等进行绑缚的。但是现代化酿酒葡萄园一般规模较大，传统的由葡萄果农手工绑缚的方式十分耗费人工和时间。在这样的背景下，很多新型的绑缚方式就应用到了葡萄园管理中，目前应用较为广泛的是双丝夹挂绑缚法。

绑缚新梢有利于改善光照，行间整齐，不妨碍耕作，喷药也方便，直立生长的新梢，其副梢生长相对较少。

图 3-19　传统绑缚方法

图 3-20　双丝夹挂绑缚法

四、夏季修剪

传统绑缚新梢视频

酿酒葡萄进入夏季生长期后，需要控制其新梢生长，以保证营养生长不能过于旺盛，要与生殖生长保持相平衡。夏季管理直接影响果实的品质。

（一）摘心

当新梢生长到设定长度，为了控制枝叶量，保持较好的光照条件或调节生长速度，往往需要用机器或人工进行修剪打头，将最顶端的嫩梢除去，即摘心。摘心一般分为以下两种情况。

1.结果枝摘心

对于酿酒葡萄来说，较为松散的果穗，可以让光照更加充分。因此，一般会选择在花后进行摘心，让养分在枝条上消耗一部分，降低其坐果率，会使果穗更加松散，让葡萄更好地接受光照，同时也会降低病害发生率。通常会选择在花序以上留 8~12 个叶片进行摘心。

图 3-21　新梢摘心

2.营养枝摘心

营养枝就是指上一年形成的冬芽，萌发后形成没有花序的枝梢。营养枝一般留 10~15

片叶摘心比较适宜，生长势中庸的枝条，留 12 片叶摘心；生长势细弱的枝条，留 7~8 片叶摘心，促进新梢增粗和基部冬芽充实；生长势过强的，第一次留 10 片叶摘心，形成的副梢长到 7~8 片叶时再进行第二次摘心。

（二）副梢处理

随着新梢生长，叶腋中的夏芽陆续萌发长出二次枝，称为副梢，也被叫作徒生枝。副梢不断增加和生长，使架面越来越郁蔽。特别在主梢摘心的情况下，由于摘心抑制了顶端的伸长而加强了副梢的生长。因此，为了更好地达到摘心的效果，必须配合相应的副梢管理，及时处理副梢，这对减少养分的浪费和改善植株通风透光状况，有十分重要的意义。处理副梢的方法多种多样，以适应不同地区、品种和栽培条件等的不同情况。

以北京房山地区为例，我们选择将果穗下面的副梢和果穗以上 25~35cm 范围内的副梢彻底除去，顶端保留 4~6 个副梢，反复修剪，后期下部老叶片退化之后，可以保证顶部叶片继续进行光合作用。这样做既保证了结果区的通风，同时也使得对果穗喷施农药更加彻底，以减少病害。

图 3-22　葡萄果农操作抹除副梢

图 3-23　抹除副梢操作细节

（三）摘叶处理

摘叶是指摘去果穗周围及下部的叶片，使果穗暴露在光照之下。不同葡萄品种和不同管理模式下的葡萄园，摘叶所得到的结果也会有所不同。我们的实验表明，对于赤霞珠葡萄，在花期前后和转色初期进行两次摘叶，能显著增加果实的着色，提高葡萄的成熟度，总花色苷增加了 27.41%，总酚增加了 24.18%，百粒重增加了约 15%；在转色期初期摘叶，西拉的花青素含量从不摘叶的 0.93g/kg 增加到 1.53g/kg，单株产量由 2.52 kg 增至 2.87 kg。但含糖量并未增加，甚至有下降趋势。提前于封穗期摘叶，产量略低于转色期处理，着色效果仍好于不摘叶。摘叶另外的作用是减轻了灰霉病、炭疽病等果实病害的发生。

图 3-24　摘叶

（①花期摘叶；②转色期摘叶；③转色完全后摘叶）

五、疏果

疏果是指在果实尚未成熟时疏除部分果穗或果粒，也叫作绿色采收。目的是调节营养生长与生殖生长的平衡，促进果实的品质发育。需要被疏除的果穗有下列几种情况：

（1）发育不良、成熟进程慢或过于密集的果穗。疏果能够促进保留果穗的成熟，使保留果穗含有更多的单宁和风味成分。

（2）过弱新梢上的果穗、同一新梢上的上部果穗、发育较差的果穗。

（3）染病或受日灼影响的果穗。

疏果的适宜时期是转色初期，如果过早疏果，会刺激树体的营养生长；如果在转色期以后疏果则不会对保留果穗产生有利影响，只有降低产量的作用。如在一些多雨的地区，也可适当地推迟，在转色超过一半的时候进行，这样可以减少降雨对颗粒变大的影响。

 第三节　砧木选择与嫁接

一、砧木的选择

砧木在葡萄上的广泛应用是基于根瘤蚜的出现与盛行，遭受根瘤蚜侵害的葡萄是无法挽救的。由于只有美洲种群的葡萄具有抗根瘤蚜的特性，因此，嫁接技术中使用美洲种群的葡萄作为砧木。随着砧木的使用，又衍生出了很多砧木的其他作用，如抗寒性、土壤适应性（耐盐碱、耐酸、抗旱等）和对接穗品种的特定影响等。

我国对葡萄砧木方面的研究和利用相对较少。因为我国仅在山东、辽宁、陕西等地区的个别葡萄园发生过根瘤蚜，且早已绝迹，目前我国基本没有根瘤蚜和线虫的危害，至今还有很多葡萄园采用自根苗，尤其是在黄河以北的埋土防寒产区。因为每年埋土下压主干的时候，会在嫁接口处出现损伤或是折断，于是很多葡萄园就会选择自根苗了。

随着我国近些年品种资源引进增多，砧木的品种也越来越丰富。我国的葡萄产区存在着诸如干旱、高温、多湿、盐碱等不利于葡萄种植的自然条件，选择合适的砧木进行嫁接栽培，可以在很大程度上提高葡萄的产量和品质，保证葡萄生产的健康发展。

图 3-25　嫁接

（①繁育嫁接苗；②葡萄园建园使用嫁接苗）

二、嫁接栽培

嫁接在选择砧木时，不仅要考虑其对环境的适应性，还应考虑其对接穗品种、生产方向以及栽培技术的适应性。

（一）抗根瘤蚜

如果葡萄园所处的生态条件满足根瘤蚜出现的条件，为保证建园成功以及葡萄园的长寿，避免风险，所选用的砧木品种必须抗根瘤蚜。在根瘤蚜极难生存的生态条件下，可以考虑使用一些根瘤蚜抗性不强，但是可以促进果实品质的砧木品种。

（二）抗活性钙

土壤中如果活性钙含量过高，可溶性铁则转化为不溶性铁，当 pH 值过高时，会影响根系对铁离子的吸收，葡萄则表现出一种缺铁的生理病害。因此，在活性钙含量高的土壤中，应选用抗钙能力强的砧木品种。

（三）抗干旱

葡萄园的土壤干旱，就可能会引起叶片失水，从而引发葡萄早期落叶。所以，在干旱的土壤中应选择耐旱能力强的砧木品种。根据抗旱能力的强弱，可将砧木分为以下四种类型：

（1）耐旱能力强：110R、140Ru、1103P。

（2）耐旱能力中：41B、333EM、99R、196-17、216-3、Gravesac、1616C、420A。

（3）耐旱能力弱：196-17CP、101-14、Riparia gloire、SO4。

（4）不耐旱：3309C、Fercal、Rupestris du Lot。

（四）抗寒性

葡萄生长中有时会遇到秋季、冬季或春季冻害，严重影响葡萄品质，甚至会导致树体死亡。其中春季冻害最为严重，种植者应用萌动相对较晚的砧木品种，适当延迟葡萄萌芽，以避免遭受春季冻害。秋季，在某些特殊栽培区，有些年份葡萄未成熟时就有可能出现霜冻，也会影响葡萄品质，种植者应用早熟性好的砧木品种，可以促进该品种提早成熟，降低这一危害。

同时，还可以使用一些耐寒的砧木品种，如贝达、山葡萄等，从而提高欧亚种葡萄的耐寒性。但是在使用贝达时要注意，如果土壤 pH 值偏高时，会出现接穗叶片黄化的现象。

（五）调整接穗长势

受土壤、气候条件以及栽培管理的影响，同一葡萄品种在不同条件下，或在相同条件下不同品种之间，其长势存在差异，而葡萄长势会影响葡萄品质。嫁接后，新的葡萄苗包括砧木在地下的根系，地上由接穗萌生的枝条、叶幕系统，以及由砧木、接穗共同形成的树干。新的树体的生长状况发生变化，不仅取决于接穗，还受到砧木的影响。

1. 不同砧木对接穗长势影响的差异

砧木对接穗长势的影响或促进，或降低，使得嫁接葡萄苗长势表现出既不同于接穗本身，也不同于砧木本身长势的一种新的状态。

2. 砧木对接穗长势影响差异的利用

上述砧木对接穗长势影响的差异，在葡萄生产中具有重要意义。在土质瘠薄，保水、保肥性能差的土壤中，可以选择长势较旺的砧木品种，如

1103P、Harmony、140Ru、Freedom 等；而对于土质肥沃的园田，可以采用长势较弱的砧木品种，如 RGM、101-14、420A、3309C 等。

（六）调整葡萄采收期

葡萄果实成熟期受到多种因素的综合影响，虽然每一个品种都有其植物学性状，成熟期相对来说比较稳定。但是，依然可以利用不同砧木早熟性差异，有效地调整生产上现有品种的成熟期。

积温偏低、葡萄不易达到理想成熟度的地区，可以利用早熟性好的砧木品种，以获得较好成熟度的葡萄果实。同时也可以利用生长势强的砧木品种，来提高植株的生产能力，因此能提高单产，推迟成熟期。砧木的长势越强，这一作用越明显。相反，生长势弱的砧木品种，可使接穗品种提早成熟，提高质量。但是所选用的砧木的生长势不可与接穗相差太多，否则会出现"小脚病"等不良情况。

（七）嫁接技术

嫁接主要是通过在接穗与砧木之间建立一个新的分生组织区域，实现二者生命协同代谢。有育苗苗圃嫁接和葡萄园田间嫁接两种方式。

1.育苗苗圃嫁接

这种嫁接方式多用于苗木繁育，建立新的葡萄园，葡萄园管理者在对葡萄园选址进行充分的检测及数据分析后，确定好葡萄品种和砧木品种。根据确定好的方案，可选择自己培育苗木，也可以从专业的苗木公司采购苗木。

2.葡萄园田间嫁接

田间嫁接主要用于葡萄园更换品种，如遇到地上部或是接穗死亡现象，也可以直接在基部重新嫁接，补充架面。采用田间嫁接进行更换葡萄品种或修复架面，可以更大限度地节约重新建园的时间和费用，一般来说，第二年就开始陆续结果了。田间嫁接多采用绿枝嫁接技术，这种方式成活率较高，且操作简单。

图 3-26 使用绿枝嫁接进行葡萄园品种更换

图 3-27 绿枝嫁接后长势

需要强调的是，在实践中，没有一个砧木品种具有同时满足以上条件的特性。所以，在选择砧木品种时，应首先了解当地的气候、土壤条件、生产方向和栽培方式等，同时还应考虑不同因素之间的相互作用，以选择与之最适应的砧木品种。例如，由于砧木的生长势与土壤肥力具有相同的作用，所以，如果在肥力较强的土壤上，某一接穗品种嫁接到生长势较弱的砧木上，能达到所要求的综合技术指标，那么在肥力较弱的土壤中，要达到相同的效果，则应嫁接到生长势较强的砧木上。

第四节　葡萄园的水分管理

水是葡萄生存和生命活动的重要因素，其树体内的一切正常生命活动只有在含有一定量水分的条件下才能进行。葡萄植株一方面不断地从土壤中吸取水分，以保持其正常含水量；另一方面，它的叶片又不可避免地以蒸腾作用的方式散失水分。

葡萄在不同的季节和不同的生长发育阶段对水分的需求有很大差别。在休眠期，没有叶片蒸腾，对水的需求量最小；在生长初期，尽管葡萄的蒸腾强度相当大，尤其是春季干燥的地区，但由于叶面积尚未充分形成，所以总的耗水量并不多；开花后需水量则逐渐增大，开花至转色期是需水量最多的时期，此后逐渐下降。酿酒葡萄具有较强的抗旱能力，适当水分胁迫有利于果实酿酒品质的提高。但是过度水分胁迫就会引起气孔关闭，降低蒸腾作用和光合作用，会使新梢生长延缓，甚至停止。持续干旱会迫使叶片从果实中吸收水分，导致果实萎蔫，甚至干枯。

因此，需要充分地掌握葡萄园的需水规律，通过灌溉或者排水来调节葡萄的健康生长。

一、水势

土壤水分含量过高，会引起新梢生长过旺；含量过低，引发干旱胁迫。土壤含水量及其持水能力与土壤质地与结构有关。葡萄是否缺水，可以根据多年的葡萄园管理经验，通过植物表观进行判断。例如：

（1）叶片从叶柄上倾斜，可以看到叶片背面。

（2）卷须萎蔫下垂。

（3）下部叶变黄、脱落。

（4）新生长出的枝条节间变短。

（5）梢尖由弯曲变直。

（6）用手背感触叶片时没有凉感。

（一）植物水势

很多时候，我们可以听到，某某葡萄园拥有土壤水分含量的传感器，并依赖这类传感器来决策灌溉，有时候这并不十分科学，尤其是在盐碱程度较重的地区。就比如我们可以喝大量的海水，但是量大并不代表我们可以吸收，海水的渗透压很大，喝海水甚至会让我们失水更快。植物根系也一样，就算土壤里有大量的水，但如果这样的水渗透压特别高，根系还是不能有效地吸收到水分，继而失水而死。植物水势是衡量与生长和产量最相关的水的指标。但是目前直接测量植物组织的水势，只能通过劳动密集且破坏性的方法，比如叶片压力计，近年来比较常用，它的使用也比较便捷。将叶片带柄剪下，把叶片放入压力室内，将叶柄经橡胶垫露在外面，然后对压力室加压，当叶柄剪口出现水珠时的压力表所显示的压力的负值即是水势。但是这种方式会耗费大量的人工，而且不能动态监控水势的变化趋势，不能做到实时监控。因此，我们只能通过对土壤水势的监控，来间接获得植物的需水状况。

（二）土壤水势

土壤含水状况或供水能力的测定方法比较多，最古老的方法是用手捏，通过手感判断，再就是通过烘干法测定含水量。然而土壤的含水量不能够直观地反映出葡萄的需水情况，我们就需要更深层次地去监测分析土壤水势。

目前我们常用的比较方便的办法是在土壤不同深度预埋土壤水势传感器，通过测量土壤水势，间接获得植物水势。对于葡萄和一些木本植物，由于其水分阻抗，有时候植物水势会小于土壤水势。土壤水势传感器的优点是准确易用，但在土壤很干的时候，埋在地下的传感器与周边土壤间的空隙会在一定程度上影响测量结果。这就需要结合数据分析和葡萄的生理表现，加上种植师丰富的经验和睿智的头脑，摸索出一种更适合自己葡萄园的方法。

二、葡萄园的灌溉

酿酒葡萄是一种较耐旱的植物，掌握葡萄的需水规律可以提升葡萄的品质，比如在花期适当地浇水，可以降低葡萄的坐果率，这样可以获得较为松散的果穗；成熟期适当的干旱胁迫，可以获得更多的酚类物质的积累等等，都是水所能带给葡萄酒的影响。然而在生产中，常出现的错误是等到葡萄植株已从形态上显现缺水状态（如果实皱缩、叶片干枯等）时才进行灌溉，这时植株已经受到缺水的影响，将影响葡萄的生长和结果。

（一）灌溉时期的确定

根据葡萄生长发育各物候期对水分的需求，土壤水势、土壤含水量以及降雨量的多少确定灌溉时期。一般在葡萄生长前期，要求水分供应充足，满足葡萄的正常生长与结果；生长后期要控制水分，进行调亏灌溉，提高果实成熟度。

1. 萌芽前后到开花

春季葡萄萌芽，对土壤含水量要求较高。根据实际的需水情况进行灌溉，可促进植株萌芽整齐，有利于新梢早期迅速生长，增大叶面积，加强光合作用，使开花和坐果正常。在北方干旱地区，此期灌溉更为重要。对于容易出现晚霜的地区，可以通过灌溉来降低风险。

2. 花期

花期灌溉，会加剧落花落果，但是对于酿酒葡萄来说，适度松散的果穗更利于颜色和风味物质的形成，因此有一些成熟期降雨量较多或是自然落果很少的葡萄园，可以在花期适度地进行灌溉，降低坐果率，来获得更加优质的果实，具体的灌溉量需要结合葡萄品种、花期的温湿度、土壤特性等因素综合评估，找到最适合的灌溉方式。

3. 新梢生长和幼果膨大期

这个时期是新梢生长最旺盛的时候，也是葡萄需水的临界期。如水分不足，则叶片与幼果争夺水分，使幼果皱缩并脱落。在干旱严重时，叶片还将从根组织内部夺取水分，影响根的吸收作用正常进行，使地上部分生长明显减弱，产量显著下降。

4. 果实迅速膨大期

为了促进浆果的生长，有利于细胞数量的增加，要供应充足的水分，但要防止水分过多而造成新梢徒长。

5. 果实成熟期

果实成熟期的水分对果实品质影响较大。进入成熟期以后，应该减少灌溉或不灌溉。如果水分过多，将会造成果实继续膨大，稀释其风味物质，延迟葡萄果实成熟，使品质变劣，并影响枝蔓成熟。

（二）灌溉方法

要达到灌溉的目的，灌溉时间、用量和方法是三个密不可分的因素，其中灌溉方法是葡萄园灌溉管理的一个重要环节。葡萄园灌溉有多种方法，如何来选择具体的灌溉方法，受到很多种因素的影响，需要考虑灌溉设施成本、便捷性、地形状况与土壤类型、气候特点、病虫害威胁、水资源状况等多种因素。主要的灌溉方式有传统灌溉、滴灌和喷灌。

1. 传统灌溉

比较传统的灌溉方法主要包括漫灌、沟灌或畦灌，这种灌溉方式造价较低，几乎没有什么维护成本，可用于地形平缓、土壤条件相对一致的葡萄园，但是耗水量大，而且在很多时期需要少量给水的时候由于灌水程度不好控制，而无法进行。

2. 滴灌

滴灌是灌溉水在压力下沿滴管管线通过按一定间距设置的滴头滴入土壤的灌溉方式，是酿酒葡萄普遍采用的一种灌溉方法。具有用水量少，没有径流损失，可以自动调控灌水时间、频率和灌溉程度（灌水量或土壤水势），可以与配方施肥相结合等特点。滴灌中存在的主要问题是滴管或滴头的堵塞，需要在进水端配备性能良好的过滤系

图 3-28 沟灌

统。滴灌时，水分不向深层渗漏，因而土壤底层的盐分或含盐的地下水不会上升而积累至地表，所以不会产生次生盐碱地。

图 3-29 葡萄园春季使用滴灌

图 3-30 滴灌出水孔

3. 喷灌

这种灌溉方式很少应用于酿酒葡萄园中，主要原理是使灌溉水在压力作用下通过管道和喷头喷洒葡萄叶幕或地面。喷灌比地面灌水可节约用水 30% 左右。喷灌不仅可以为葡萄园进行补水，还能调节葡萄园微气候，同时可以防霜冻、降高温，还可以结合

葡萄园滴灌
灌溉视频

喷施肥料。但此方法不适于环境潮湿、有病害威胁的葡萄园，会加大其病害发生率。

（三）葡萄园的排水

在一些降雨量较大，或是经常出现突发性山洪的葡萄产区，做好葡萄园的排水设计，是至关重要的。若排水不畅，会造成以下不良影响：

（1）影响葡萄根系的呼吸作用，直接导致根系吸收受阻。

（2）土壤通气不良，妨碍土中微生物，特别是好氧微生物的活动，从而降低土壤肥力。

（3）特别是在黏土中，大量施用硫酸铵等化肥或未腐熟的有机质肥后，如遇土壤排水不良，则肥料会进行无氧分解，使土壤中产生高氧化铁或甲烷、硫化氢、一氧化碳等还原性物质，严重地影响葡萄地下部分和地上部分的生长发育。

在我国宁夏贺兰山东麓葡萄产区的金山子产区，葡萄园都距离贺兰山很近，由于这里是一个较干旱的产区，很多人认为不会出现积水问题，在建园之初便没有考虑葡萄园的排水问题。然而，近几年当地几乎每年都会出现局地的暴雨天气，由于贺兰山上植被稀少，出现短时强降雨就会导致山洪暴发，大水流入葡萄园，并会带走大量的泥沙，严重时会将地势较低的葡萄主干掩埋，给葡萄园造成很大的损失。

图 3-31　排水不畅的葡萄园受灾

图 3-32　未做排水系统的葡萄园

第五节　葡萄园的施肥

葡萄的正常生命活动需要大量营养元素，主要有氮、钾、磷、钙、镁、硫、铁、硼、锰、锌、铜等，其中氮、磷、钾是维持葡萄植株健康生长的最主要的营养元素。

一、各种营养元素的作用

（一）氮元素

氮元素是葡萄树体合成氨基酸、蛋白质、叶绿素、酶、维生素等有机物的主要成分，葡萄组织中含有大量的氮元素，这些氮元素存在于葡萄的各个器官中，氮元素有促进葡萄叶片叶绿素形成、叶面积增加的作用，对于葡萄的营养生长和生殖生长都具有重要的作用。

1. 葡萄缺氮元素的表现

（1）叶绿素减少。

（2）叶片发黄变小，其中老叶的症状较新叶出现得更早也更为明显。

2. 氮元素营养过多的表现

（1）会引起枝叶徒长和不充实。

（2）延迟果实的成熟。

（3）使植株的抗病性和抗寒性降低。

对酿酒葡萄来说，需要一定的氨基酸作为香气物质合成的前体，但过多的氮元素又会使果汁中氨基酸的含量增加，在酒精发酵的前期会使发酵过旺，导致发酵停滞。而且还会使酒质浑浊，影响澄清和过滤。更重要的是，发酵液中过多的氮元素会增加氨基甲酸乙酯等生物胺在葡萄酒中的含量，影响食品安全性能。

（二）磷元素

磷元素在植物代谢中起重要作用，是核蛋白的重要组成成分之一。磷元素能促进开花坐果、花芽分化和根系生长。磷肥在土壤中的移动性小，施入后很快被固定下来，不易流失，可在施基肥时一并施入。

葡萄叶柄的磷含量一般在 0.2%~0.5%。

（三）钾元素

葡萄中的钾元素含量相对较多，是葡萄体内 60 多种酶的重要催化剂，钾元素与葡萄的多种代谢过程有关。

葡萄叶柄中的钾元素含量一般在 1.5% 以上。

由于钾元素能够促进浆果成熟、提高含糖量，促进香气物质和色素的形成，因此在提高果实品质方面有着重要的作用。对于酿酒品种来说，因为钾元素会降低果实酸度，在一些酸水平较低的产区（如新疆产区等），过高的钾对果实酿造品质和葡萄酒质量会有一定的负面影响。

（四）钙元素

钙在植物体内起着平衡生理活性的作用，它主要是中和体内形成的酸，调节细胞质的 pH 值。对于酿酒葡萄来说，土壤中的钙通常足够满足葡萄生长发育的需要。

1. 葡萄缺钙的主要表现

（1）新根短粗、弯曲，尖端不久变褐枯死。

（2）叶片较小，严重时枝条枯死，花朵萎缩。

2. 葡萄钙素过多的主要表现

（1）土壤偏碱性而板结。

（2）使铁、锰、锌、硼等表现出不溶性，导致葡萄缺素症的发生。

（五）硼元素

土壤中硼元素的主要作用是提高葡萄的坐果率，也能促进根系生长。葡萄叶柄的硼含量一般在 30~100mg/ kg 。缺硼时花蕾不能正常开放，严重时引起大量落蕾，新梢顶端卷曲干枯，节间变短，组织变脆，叶缘和叶脉出现黄化，叶面凹凸不平。

对于酿酒葡萄来说，一般不需要在意硼元素的含量，但是对于像马瑟兰这种花芽分化能力较强、坐果率低的品种，如果没有大量的人工去完成花前疏果的工作，就需要考虑适当地使用硼肥来提高坐果率。

二、如何判断施肥量

对于酿酒葡萄来说，相对贫瘠的土地会获得品质更好的葡萄原料，但是这只是相对贫瘠，要保证葡萄的健康生长是基本条件。那么，如何才能进行科学的施肥，来获得更好的酿酒原料呢？首先我们要做的是充分了解葡萄，了解大部分葡萄，了解自己葡萄园的葡萄。了解葡萄都需要什么营养元素、需要多少、什么时期需要以及吸收能力等。选用正确的方法及时合理供应所需养分，保障树体平衡健康生长发育和优良品质果实的生产。树体是否需要施肥及其施肥量的多少，与葡萄品种、水源状况、产量、树体生长发育状况、土壤营养基础、微生物种群以及肥料类型有关。确定是否需要施肥、施肥量及其种类的方法主要有如下两种。

（一）直接判断法

这种方法成本较低，只需要有经验的种植师，他们通过树体生长发育过程中的外观表象来判断是否缺乏营养，缺乏什么营养元素。主要是依靠种植师的经验以及文献中所提供的不同元素的缺素症状进行判断。

这是一种传统而粗浅的判断方法，不仅缺乏准确性，而且有明显的滞后性，基本上都是葡萄出现了明显的症状后才能发现，如叶片发黄、坐果不良等，这时已经出现无法挽回的损失了。

（二）检测分析法

葡萄园每年或者每隔一年需要对肥力进行一次科学的检测，及时发现葡萄园中存在的隐患，在缺素症状表现出来之前，对葡萄园进行施肥，避免造成更大的损失。葡萄园常用的检测分析法有叶柄分析和土壤分析两类。

1. 叶柄分析

通过分析树体组织中各种营养元素的含量水平来判断是否缺乏营养以及缺乏什么营养元素，这建立在与大量的经验数据对比的基础上。目前有效的组织分析方法是叶柄分析，葡萄即将进入盛花期和转色期，在这两个物候期进行叶柄采样，采集靠近主干的果穗对侧叶柄。用来分析的叶柄，应在条件相对一致的葡萄园中，随机选取能代表该葡萄园平均树势的植株 12~15 株。

2. 土壤分析

通过分析土壤中各种营养元素的含量水平来判断土壤肥力的实际状况。一般取 40~60cm 深度的土样进行检测分析。同样需要土样采集具有代表性。

叶柄分析需要结合土壤分析，因为叶柄分析只能分析组织的营养水平，对土壤水平，特别是阻碍吸收的因素无法测知，而土壤分析可测知土壤中全部养分和有效养分的储存量，但无法分析作物从土壤中吸收养分的实际数量。所以，土壤分析需要和叶柄分析结合使用，相互补充。

三、施肥时期和方法

在合适的时间使用合适的方法施肥，往往可以起到事半功倍的效果，所以，如何最大化肥料的利用率，也是葡萄园周年管理中的重中之重。

施肥要做到适期施肥，即在葡萄最需要肥料的时期施用，可减少施肥次数，提高肥料利用率。要综合考虑不同葡萄品种需肥特点及生长发育规律、土壤中营养元素和水分变化规律、肥料的性质等。

1. 施用基肥

基肥主要是有机肥料和部分矿质肥料。基肥属于缓释型肥料，持效性较长，不仅可以补充土壤肥力，同时还可以增加土壤有机质含量、丰富微生物种类、扩大优势菌群、增强土壤缓冲能力等，必须深施，应达根系主要分布层。如果在保水保肥能力较差的土壤，还应在沟底铺 20cm 左右厚度的秸秆，起到减少水肥流失的作用。基肥应在秋季果实采收后，结合秋耕培土施用。

图 3-33 苗木定植前土壤深层施有机肥

整个冬季有机肥在土壤里逐渐分解可供第二年植株生长发育需要。在秋季，葡萄根系进入第二次生长高峰，此时施肥，断根的再生力和吸收作用均可得到加强。

如果施用的有机肥料是秸秆类的堆肥，则可适当掺入含氮多的人粪尿，以调节碳氮比，有利于堆肥腐熟。由于有机肥是逐渐分解的，其肥效长达 2~3 年以上，因此施基肥不应在同一位置上年年重复施用。

2. 萌芽期前追肥

这次追肥应以速效性氮肥为主，如尿素、碳酸氢铵、硫酸铵或腐熟的人粪尿等。进入伤流期，葡萄植株的吸收作用开始活跃，所以萌芽前追肥效果明显，可以提高萌芽率，增大花序，使新梢生长健壮，从而提高产量。如果基肥充足，植株负载量小，萌芽前也可免施追肥。

3. 花期前追肥

花期前追肥应以速效性的氮肥、磷肥为主，也可适量配合施用钾肥。这次追肥对于葡萄的开花、授粉、受精、坐果以及当年花芽分化都有良好影响。

4. 葡萄成熟期追肥

对于这次追肥，要以施用钾肥为主，随着浆果和新梢的成熟，碳水化合物大量积累，植株对钾的吸收量显著增加。作为葡萄园的管理者应重视此次追肥，在浆果开始着色时，施入大量含钾、磷的草木灰或腐熟的鸡粪等。这次钾肥的施入，不仅对当年的生长起到作用，对第二年的花芽分化也起到至关重要的作用。

这次追肥一般不要施用氮肥。但是，在果穗过多或者贫瘠沙砾土的葡萄园中，浆果开始成熟期里应适当施用氮肥。否则，浆果会成熟延迟，甚至果粒皱缩，产量下降。为保证及时地满足植株对各种养分的需要，在每次施肥后要立即浇透水，或是使用滴灌系统进行水肥一体化管理。

对于酿酒葡萄而言，一定要做到慎重施肥，应当以使用有机肥为主，尽量少地使用化肥，否则，将会很大程度地降低葡萄品质。

第六节 葡萄园的土壤管理

土壤是葡萄生长发育的基础，它为葡萄的生理过程提供必需的水分和营养，因此，土壤的结构及其理化特性与葡萄生产有着密切的关系。土壤状况在很大程度上决定了葡萄生产的性质、植株的寿命、果实的产量和质量以及葡萄酒的质量与风格。

葡萄园土壤管理的核心是建立良好的土壤环境。

充分掌握现有的土壤条件，以此为基础，再通过适当的葡萄园种植技术管理，为葡萄生产和品质提高提供一个最有利的土壤环境，尽量降低或排除一些不利于葡萄生长的因素。通过有机肥及针对性的种植管理，逐步提高土壤有机质含量，建立并完善一个适于葡萄生长的土壤微生物系统，增强土壤活力，从而提高土壤营养成分的综合利用率。调整好葡萄园内草、葡萄与环境的平衡关系，充分利用葡萄园的一切天然生态条件，互相制约、互相补充、相辅相成，提高葡萄整体品质。

一、土壤有机质

土壤有机质是指土壤中含碳的有机化合物，自然状态下的来源主要是动植物的残体、排泄物和分泌物，农耕条件下人为施入的有机肥料等物质也构成了土壤有机质的重要来源。

1. 新鲜的有机物

有一些有机物刚刚进入土壤中，但是还没有被微生物分解，如动植物残体，这类新鲜的有机物一般还保持着原来的形态。

2. 分解的有机物

一部分有机物进入土壤中后经微生物分解，已经失去原来的形态，这类有机质已经部分分解，并且相互缠结，颜色呈褐色，分解的有机物包括有机质分解产物和新合成的简单有机物。

3. 腐殖质

另一部分有机物经过微生物分解后再合成大分子胶体物质，呈褐色或暗褐色，腐殖质与土壤矿物质土粒紧密结合，腐殖质是土壤有机质存在的主要形态。

这三种状态是依次转化的关系，新鲜的有机物进入土壤以后，经过一段

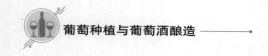

时间的分解后，逐步转化为腐殖质，供植物利用。

二、土壤改良

在我们准备建立一个葡萄园的时候，为选择一个适宜葡萄生长的地方，总是会做大量的前期工作，但是现实总是不会那么完美，总会有或多或少的缺憾，因此，我们首要是选择气候条件适宜的地方，然后去做土壤的改良。

（一）酸性土壤的改良

比较适合葡萄种植的土壤，pH 值一般为 6.5~7.5，呈弱酸性或弱碱性。但是在很多地区降雨量大而且集中，钙、镁、钾等碱性盐基大量流失；大气污染、酸雨，长期的化肥过量使用等因素，导致了土壤的酸化，pH 值已经达到了 4.0~5.0，甚至更低。严重酸化的土壤，改变了土壤的微生物结构，造成土壤板结，使植物根系的吸收能力很大程度地下降，而且容易对植物产生铝毒。当土壤出现酸化的问题后，可以使用生石灰、有机肥，或者平衡使用化肥以及施用黄腐酸钾等方法来进行改良。在我国的广西、湖南等地区，土壤多呈现为酸性。

（二）盐碱土壤的改良

盐碱土壤是葡萄种植中的一大限制因素，在我国西部很多的优质葡萄产区，如新疆、宁夏贺兰山东麓、甘肃等产区，因降水量小，蒸发量大，地下水向上运动将盐分累积到地表，导致土壤盐碱化，对葡萄生产造成了严重的影响。盐碱土壤的改良主要有以下三种方法。

1. 物理改良

这种方式主要是利用日常的耕作来改良土壤，通过平整土地、深耕，将土壤混匀并进行晒土，及时进行中耕松土，抬高地形，再通过后期的田间耕作等来逐步改良土壤。

2. 化学改良

施用石膏及其他化学改良物可收到较好效果。施用大量的石膏、硫酸亚铁（黑矾）、硫酸、硫黄等，可收到降低土壤碱性，协调和改善土壤理化性状的作用。

3. 微生物改良

这是目前应用最普遍，也是效果最好的方式：通过施用有机肥，增强土壤缓冲性能；使用微生物菌肥；生草或间作一些矮化作物；植树造林对改良盐土有良好的作用，林带可以改善农田小气候，减低风速，增加空气湿度，从而减少地表蒸发，抑制返盐。

通过微生物改良，不仅可以有效地改良土壤盐碱性，还可以提高土壤微生物含量，增强根系的吸收能力，这是一项长期的工作，可以逐步形成一个酒庄的产品风格。

冬季葡萄枝条修剪量巨大，每年大量的枝条都被焚烧和丢弃，很多葡萄园土壤缺少有机质，还经常需要施入牛羊粪和化肥，即便这样，老龄葡萄园仍然存着土壤肥力退化、微量元素缺乏问题，导致葡萄产量逐渐降低、葡萄寿命短等。将葡萄枝条粉碎还田，可以有效地补充土壤有机质含量。

图 3-34 葡萄果农操作粉碎葡萄枝条

图 3-35 粉碎后的葡萄枝条

三、葡萄园的耕作管理

长期以来，要获得优质的土壤，都要利用土壤耕作来实现。结合当地的气候条件、葡萄品种特性等因素，在适宜的时间点进行土壤耕作，可以有效地提高葡萄品质。

粉碎葡萄枝条操作视频

（一）葡萄园的土壤耕作

在葡萄栽培中，适时地耕作可以疏松土壤，改善土壤通气透水条件，除去杂草，保护植株不受冻害。但是，有利就有弊，在耕作过程中，会破坏土壤结构，同时也会传播土壤病害（如根腐病、病毒病等）。

一般情况下，葡萄园会采取三种土壤耕作方法：春季松土、夏季中耕、秋季翻耕培土。

（二）葡萄园的土壤管理

葡萄园土壤管理的方法比较多，包括清耕法、行间生草法、行间间作法和各种各样的覆盖法。比较常用的就是清耕法和行间生草法。

1. 清耕法

清耕法是指通过机械或人工方法在生长季内浅耕或中耕，清除葡萄园内的杂草，并使土壤保持疏松状态的葡萄园土壤管理方法。

一般来说，采用这种土壤管理方法的葡萄园，在每次漫灌或降水后，以及杂草长到一定高度时就需要清耕。长期使用清耕法耕作的葡萄园，容易造成水、土、肥的流失，土壤

图 3-36　葡萄果农在机械清耕

机械清耕
操作视频

有机质会逐年降低，中下层土壤易板结，透气性差，同时会增加劳动力成本。

目前在埋土防寒地区，由于需要在行间进行取土，所以清耕法相对有利于田间管理，如使用生草方式，则需要在立秋前后进行清耕，否则会影响埋土。

图 3-37　清耕法管理的葡萄园

图 3-38　葡萄果农在人工除草

2. 行间生草法

行间生草法就是在葡萄园行间种草或利用自然杂草的一种土壤管理方式。葡萄园采用行间生草法具有以下优点：

（1）能有效避免葡萄园水、土、肥的流失。

（2）可作为绿肥粉碎还田，增加土壤有机质含量。

（3）降低葡萄园空气和土壤的温度和温差，使葡萄园微气候环境更为

温和。

（4）有利于构建良好的葡萄园生态系统，使害虫的天敌能够得到繁殖和保护。

（5）利于雨后葡萄园的机械操作，尤其是雨后的病害防治需要及时，也降低了机械耕作造成的土壤板结现象。

（6）形成种间优势，可以有效地控制葡萄园内杂草的生长。

（7）吸收土壤表层水分和营养元素，与葡萄形成竞争关系，使葡萄根系向下深扎，增强葡萄酒风味。

行间生草可分为人工生草和自然生草两种。

图3-39 葡萄园自然生草

图3-40 人工生草法管理的葡萄园

3. 行间间作法

行间间作法是指在同一土地上按照不同比例种植不同种类作物的种植方式。酿酒葡萄种植，行间距在1.5~4米不等，对于土地的浪费较为严重，使用间作法来替代生草法，既可以起到生草的作用，同时还可以产生一定的经济价值。

豆科植物的根部易被根瘤菌侵入，而根瘤菌是具有固氮作用的微生物。土壤中含有的根瘤菌侵入对应的豆科植物中就可以发挥固氮作用。目前比较适合在酿酒葡萄园间作的豆科植物是花生，花生属于矮化植物，且与葡萄没有相同的病

图3-41 间作花生

虫害。

　　酿酒葡萄行间间作或生草管理，可以有效地增加土壤有机质含量，改善土壤酶活性，激活土壤中微生物的活动，从而提高土壤中营养元素的转化；同时，缓解降雨对土壤的直接侵蚀，减少水土与营养的流失，改善盐碱化土壤。

　　以宁夏停云酒庄葡萄园中的酿酒葡萄赤霞珠为对象进行研究，葡萄树龄16年。我们研究了行间生草覆盖对葡萄园微气候的影响，进行了行间自然生草，结果表明，行间自然生草可使果实还原糖含量增加平稳，同时总酸含量缓慢下降，到采收前维持在7.0g/L左右，花色素苷、单宁含量升高，酒体颜色加深，结构感增强。

图 3-42　宁夏停云酒庄行间自然生草

图 3-43　行间生草管理下的赤霞珠葡萄

第七节　葡萄园的病虫害管理

　　我们现在用来酿酒的葡萄，如赤霞珠、美乐、霞多丽等，都是欧亚种葡萄，对病虫害十分敏感。叶片上的主要病害有霜霉病、白粉病等，果实上的主要病害有白腐病、灰霉病、炭疽病等，根系上的主要病害有根瘤蚜、线虫病等，对于种植师来说，都是严峻的考验。要想更有效地去预防病虫害的发生，最重要的是掌握发病规律，以预防和综合防治为主。最新药、特效药偶尔用一次可能确实有效，但长期使用也最容易产生抗药性。对于葡萄园的病虫害防控，波尔多液和石硫合剂，这两种药永远是有用的。

　　本节只介绍几种酿酒葡萄园较为常见且危害较大的病虫害，不做病虫害防控展开讲解。

一、认识葡萄园的常见病害

（一）葡萄霜霉病

葡萄霜霉病是葡萄园第一大病害，也是一种古老的病害。目前，世界上几乎所有葡萄产区都有葡萄霜霉病发生，但是对于一个优秀的种植师来说，它也是最容易防控的病害类型。葡萄霜霉病会侵染葡萄的任何绿色组织。

1. 侵染幼叶

表现为淡绿色或浅黄色不规则的斑点；随后病斑快速发展，在病菌侵入3~5天后叶片上出现明显近似圆形或多角形黄色病斑，病斑边缘不明显；在侵染7~12天后，被侵染的部位逐渐变褐、枯死；严重的时候，数个病斑连在一起；在病斑部位的叶背面，覆有白色霉层，被严重侵染的叶片，表现为向背面卷曲并且有时脱落。

图3-44　叶片背面的霜霉病症状

图3-45　叶片正面的霜霉病症状

2. 侵染老叶

在夏末或秋初，侵染了葡萄霜霉菌的葡萄老叶产生的发病症状不同，但多数在叶正面产生呈黄色至红褐色细小的角形病斑，在受损的叶片背面沿着叶脉会产生病菌的白色霉层。

3. 侵染花序、嫩枝、叶柄、卷须及果梗

最初会出现颜色深浅不一的淡黄色水渍状斑点，后期变褐并且扭曲、畸形、卷曲；病斑部位在潮湿或有水分的条件下病斑表面覆盖大量白色霉层；被侵染严重的部位逐渐变褐，枯萎，最后死亡。

4. 侵染幼果

病斑颜色浅，之后逐渐加深，由浅褐色变为紫色，被侵染的幼果皱缩干枯，容易脱落，天气潮湿时，病果上会出现白色霉层；随着果粒变大，病菌

侵染概率降低，且侵染后病原菌发育缓慢，可导致果粒表面形成凹形，逐渐变紫，僵硬，皱缩，极易脱落。

图 3-46　葡萄卷须上的霜霉病　　　图 3-47　霜霉病造成的葡萄提前落叶

　　葡萄霜霉病的发生具有区域性，并与葡萄品种有关。对于降雨频繁的产区（如山东产区）来说，更容易发生霜霉病；而对于降雨量少的产区（如新疆、宁夏贺兰山东麓等产区）来说，霜霉病则很难发生，即使出现了，也不会造成太大的损失。圆叶葡萄、河岸葡萄、沙地葡萄及冬葡萄等来自美洲的葡萄抗霜霉病；欧亚种葡萄不抗霜霉病。其中敏感的品种有佳利酿、神索、白诗南、佳美、歌海娜、黑比诺、灰比诺、长相思及白玉霓等；抗性较强的品种如马瑟兰、西拉、丹魄、维欧尼等；霞多丽、雷司令、赛美蓉、赤霞珠、品丽珠等为中感品种。

　　以下一些情形易于导致发生霜霉病：树势旺长郁闭，副梢过多，萌蘖枝未及时处理，摘心过早嫩叶较多，中耕过频，杂草生长过高，树干过低，葡萄园地势低洼，通风透光不良，管理粗放，靠近水源小气候潮湿等。因此，加强葡萄园的科学管理，创造不利于病菌侵染的生态条件可减少霜霉病的发生。

（二）葡萄灰霉病

　　葡萄灰霉病也是葡萄的重要病害，而且分布较广，在世界上的任何葡萄园都可能出现。葡萄灰霉病危害葡萄只有100多年的历史，在葡萄根瘤蚜传入欧洲之前，葡萄灰霉病被当作二次侵染性病害，基本不造成危害，但之后随着嫁接栽培的普遍采用，葡萄灰霉病危害开始加重。葡萄灰霉病主要危害花穗和果实，有时也危害叶片、新梢、穗轴和果梗。

1. 侵染花穗

　　多在开花前发生，受害初期，花序似被热水烫状，呈暗褐色，组织软腐，湿度较大的条件下，受害花序及幼果表面密生灰色霉层，即病原菌的菌丝和子实体，干燥条件下，被害花序萎蔫干枯，幼果极易脱落。

2. 侵染果梗和穗轴

初期病斑小，褐色，逐渐扩展，后变为黑褐色，环绕一周时，引起果穗和果粒干枯脱落，有时病斑上产生黑色块状的菌核。

对于酿酒葡萄，灰霉病不但会造成产量损失，且严重影响质量。灰霉病的病菌会把葡萄糖和果糖转化成丙三醇和葡萄糖酸，病菌还产生一些酶，尤其是漆酶，这些酶促使酚类物质（产生果香和酒的香气）氧化，破坏香气；病菌还分泌多聚糖如β-葡聚糖，造成酒体浑浊，澄清度下降；混杂或含有灰霉病病果的葡萄酿造的葡萄酒有怪味或味道欠佳，并且容易被氧化和被细菌感染，也不容易存放，影响葡萄酒的陈年。

图 3-48　霞多丽感染灰霉病

图 3-49 赤霞珠感染灰霉病

（三）葡萄白粉病

葡萄白粉病起源于北美洲，目前已是一种世界性真菌病害，遍布于世界各葡萄主要栽培区。葡萄白粉病可以侵染葡萄的任何绿色组织。

1. 花序发病

通常花不受侵害，但在受精前受害会严重影响葡萄坐果。花穗在花前和花后感染白粉病，开始颜色变黄，而后花序梗发脆，容易折断，除引起坐果不良外，还会影响果实的品质。

图 3-50　叶片上的白粉病

2.叶片发病

发病初期在叶片表面形成不明显的病斑，病斑变为灰白色，上面覆盖有灰白色的粉状物。幼叶被侵染，因受侵染部位生长受阻，其他健康区域基本正常生长，会导致叶片扭曲变形。

3.叶柄、穗轴、果梗和枝条发病

发病部位出现不规则的褐色或黑褐色病斑，表面覆盖白色粉状物。有时病斑变为暗褐色。受害后，穗轴、果梗变脆，会导致葡萄枝条的无法完全木质化，对于葡萄的顺利越冬会有很大影响。

4.果穗发病

在葡萄含糖量低于 8% 时，容易感病，在发病初期，在果实表面会分布一层稀薄的灰白色粉状霉层，擦去白色粉状物，在果实的皮层上有褐色或紫褐色的网状花纹。

很多葡萄园都会在每一行的边上种植玫瑰花，这个不仅仅是用来装点葡萄园的。很早以前，在法国的葡萄园里，都是使用马、牛等牲畜来进行耕地的，但是在地头转弯的时候，总是会剐蹭架杆，后来人们就想到了，在地头种植玫瑰花，不仅可以控制不再剐蹭架杆，还可以起到装饰的作用，非常漂亮。令人意想不到的是，在后来暴发的几次大规模的白粉病中，细心的种植师发现，玫瑰花都要早于葡萄园感染白粉病。这一发现为葡萄园解决了一大难题。因此，现在玫瑰花多被用作指示植物，可以帮助种植师预判白粉病，被人们称为"葡萄园的守护者"。

图 3-51　白粉病侵染枝条　　　　图 3-52　葡萄园的守护者——玫瑰花

（四）葡萄白腐病

葡萄白腐病是一种常见的真菌病害。潮湿多雨的年份，尤其容易引起葡萄白腐病的发生。葡萄白腐病一般在葡萄转色前出现，主要对嫩枝、果穗及叶片造成危害。

1. 果穗及果粒发病

在发病初期，葡萄果穗的穗轴、果梗上均产生浅灰褐色、水渍状的不规则病斑。病菌从果蒂部位开始侵染果粒，初期为淡褐色，迅速扩展整个果粒，呈灰白色、软化、腐烂、果粒凹陷皱缩，发病后期果面上布满灰白色小颗粒。发病严重时，会全穗腐烂，果梗、穗轴干枯皱缩，轻轻摇晃树体，病穗果粒极易脱落，有时也因失水干缩成有棱角的僵果而长久不落。

图 3-53 白腐病侵染果穗分解

图 3-54 白腐病侵染葡萄果穗

2. 枝条发病

葡萄白腐病一般对葡萄的嫩枝进行侵染，尤其是当年新生的枝蔓，极容易受害，病菌从嫩枝的剪口、节间、新梢摘心处等有伤口的地方侵入。在发病初期，发病部位呈污绿色或淡褐色、水浸状的病斑，被侵害部位的木质部容易破损，随着发病时间的延长而发展，病斑慢慢向枝条的两端开始扩展，凹陷，表面变暗并且密生灰白色的小颗粒，随后表皮变褐、翘起、病部皮层与木质部容易分离干裂。后期，在病斑的周围有愈伤组织形成，可看到病斑周边有"肿胀"的现象，最后枝条枯死，而且这种枝条易折断。

白腐病一般通过伤口、皮孔及水孔侵染葡萄，所以通常在发生冰雹等造成伤口时，才能直接侵染。除此之外，葡萄白腐病的发生还与葡萄品种、栽培管理、整形修剪等因素有关。马瑟兰对白腐病的抗性较差，如在生长季发现马瑟兰葡

图 3-55 白腐病侵染枝条

萄园中出现叶片变红的情况，多半是感染了白腐病。酿酒葡萄的结果部位一般较低，由于下雨飞溅起来的砂石对果皮造成的细小伤口，导致其容易感病。

（五）葡萄炭疽病

葡萄炭疽病又名葡萄晚腐病、葡萄苦腐病，是葡萄的重要真菌病害之一。

1. 果实发病

图 3-56　葡萄炭疽病侵染果实

葡萄炭疽病主要在葡萄果实的着色期或近成熟期发病，造成果粒腐烂。葡萄炭疽病在果粒上的发病初期，葡萄果实表面上首先形成针尖大小的圆形褐色斑点，随着病原菌在葡萄果实内部的扩展，病斑逐渐增大，病斑在果实表面呈凹陷状，浅褐色，有的病斑甚至可以发展扩大到半个果面。发病后期，在病斑的表面出现同心轮纹状排列的暗黑色小颗粒点；当环境湿度足够时，病斑表面上出现大量粉红色的黏液状物质。随着病情的不断发展，腐烂的果实逐渐脱水干枯，最后成为僵果，但不易从果梗上脱落。

2. 其他发病症状

葡萄炭疽菌也可侵染叶片、叶柄、果梗、穗轴、新梢和卷须等，但一般不表现出症状。

（六）葡萄根癌病

葡萄根癌病一般发生在根颈部和靠近地面的老蔓上，根部受损导致地上部树势衰弱。葡萄根癌病是一种细菌性病害，刚被侵染时，发病部位形成带绿色和乳白色粗皮状的癌瘤，随着瘤体的长大，逐渐变为深褐色，大小不一，有时数十个瘤簇生成大瘤，严重时整个主根变成一个大瘤状。

图 3-57　葡萄根癌病主干上症状

图 3-58　葡萄根癌病根上症状

一般情况下，葡萄苗木和幼树感病是在嫁接部位周围，随着树龄的增加，在主枝、侧枝、结果母枝、新梢也形成，但根部极少形成。受害植株由于皮层及输导组织被破坏，树势衰弱、植株生长不良，严重时植株干枯死亡。

（七）葡萄病毒病害

由病毒和类病毒侵染引起的葡萄病害总称为葡萄病毒病害，目前已报道30种病毒病或者病毒病类似病害。最主要的传播方式是随繁殖材料传播扩散，还可以通过一些土壤线虫、土壤真菌、蚜虫、叶蝉等传播。到目前为止还无法用化学药剂进行有效控制，一旦染病即终生受害，造成树体生长衰退、产量下降、品质变劣、萌芽延迟、果实成熟推迟、寿命缩短、抗逆性差、生根率和嫁接成活率降低。因此，防止带毒苗木的传播，使用无病毒苗木建园是唯一经济可行的办法。

1.葡萄卷叶病毒病

（1）红葡萄品种感染卷叶病毒。在夏末或秋季病株基部成熟叶片脉间会出现红色斑点，症状表现时间取决于当地的气候条件和地理位置；随着时间的推移，斑点逐渐扩大，连接成片，秋季整个叶片变为暗红色，但叶脉仍然保持绿色。

（2）白葡萄品种感染卷叶病毒。症状表现与红葡萄品种相似，但是叶片颜色会变黄而不是变红。叶片增厚变脆，叶缘向下反卷；这些症状会从病株基部叶片向顶部叶片扩展，严重时整株叶片均可表现症状，树势非常衰弱。病株葡萄果粒小，数量少，果穗着色不良，尤其是一些红色品种染病后果实转为苍白，基本失去商品价值。

图3-59　品丽珠感染葡萄卷叶病毒

图3-60　霞多丽感染葡萄卷叶病毒

2.葡萄扇叶病

葡萄扇叶病的症状表现因葡萄品种、病毒株系、气候条件、肥水管理等

图 3-61　葡萄感染扇叶病毒

不同而存在差异。主要有畸形、黄化和镶脉三种症状类型。

有的病株症状潜伏，但感病后树势弱，生命力逐渐衰退，严重时甚至整株枯死。扇叶病症状春季最明显，夏季高温时病毒受到抑制，症状逐渐潜隐。沙地葡萄、贝达等品种和砧本对扇叶病毒敏感，症状明显；赤霞珠、品丽珠、美乐等欧亚种葡萄对扇叶病毒不敏感。

二、认识葡萄园的常见虫害

（一）绿盲蝽

绿盲椿在葡萄上的危害日益严重，已成为葡萄上的重要害虫之一。绿盲蝽主要刺吸葡萄的幼芽、嫩叶、花蕾和幼果，刺的过程分泌毒素，吸的过程吸食植物汁液，造成细胞坏死或畸形生长。

（二）葡萄叶蝉

叶蝉是葡萄上的主要害虫，国内各个葡萄产区均有发现。尤其是在新疆产区、宁夏贺兰山东麓产区等地，

葡萄园机械喷药视频

图 3-62　绿盲蝽对葡萄叶片的危害

气候干旱且葡萄架面管理郁蔽，经常会发生叶蝉的危害。主要包括葡萄斑叶蝉和葡萄二黄斑叶蝉。

两种叶蝉在葡萄的整个生长季均可造成危害，在叶片背面刺吸汁液。一般在郁闭处取食，先从枝蔓中下部老叶开始逐渐向上部和外围蔓延，主要发生在较为干旱或者杂草丛生的葡萄园。

加强栽培管理，及时施肥灌水，增施有机肥，提高葡萄自身的

图 3-63　叶蝉对叶片的危害

抗性。为避免葡萄生长郁闭，在葡萄生长期应及时抹芽、修剪、去副梢、摘心，使葡萄枝叶分布均匀，通风透光良好，可减少葡萄叶蝉发生危害。葡萄生长期及时清除杂草，葡萄叶蝉产卵高峰期合理延长浇水间隔期、适当降低湿度，创造不利于虫害发生的生态条件。葡萄休眠期，清除果园内外落叶、杂草并集中处理，以减少越冬虫源。

（三）葡萄蓟马

葡萄蓟马个体较小，喜欢在葡萄幼嫩的部位吸取表皮细胞的汁液。葡萄受害后会因叶绿素被破坏，出现褪绿的黄斑，然后叶片变小、卷曲畸形、干枯，有时还出现穿孔。葡萄幼果表面受害后，表皮细胞干缩形成一个小黑斑，随着幼果的增大，黑斑也随之增大形成木质化褐斑，影响葡萄的外观和品质，严重时可引起裂果。

图 3-64　蓟马危害叶片

图 3-65　蓟马危害葡萄幼果

加强肥水管理、增强树势、改善光照条件等措施可起到对葡萄蓟马的抑制作用。

（四）葡萄根瘤蚜

葡萄根瘤蚜是一种毁灭性的害虫，是国际检疫对象，也是我国葡萄上最重要的检疫对象。1865 年法国南部葡萄园发现症状，并迅速蔓延，1868 年正式确认为是葡萄根瘤蚜，在以后的几十年内，欧洲几百万公顷的欧亚种自根葡萄园成了根瘤蚜的牺牲品。与此同时，亚洲大部分地区及其他有葡萄栽培的国家也遭到了同样的命运。葡萄根瘤蚜使世界葡萄栽培发生了根本性的变化。

1.叶瘿型蚜

在葡萄叶表面刺吸，使部分细胞死亡，而部分细胞大量分生，蚜刺吸处逐渐凹陷，最终在叶背面形成一个疣子状的瘿包。美洲种葡萄如河岸葡萄、沙地葡萄、冬葡萄以及山葡萄容易形成叶瘿，欧亚种葡萄很少形成叶瘿，因此选择使用美洲种葡萄作为砧木，选择欧亚种葡萄作为接穗，可以有效地防治两种根瘤蚜。

2.根瘤型蚜

危害葡萄的新根和大根。在新根根端附着刺吸，刺吸处膨大形成根结，根尖侧弯呈鸟头状，色泽鲜黄或金黄，逐渐变为深褐，至夏末根结开始变黑、萎缩、腐烂。新根的生长和吸收功能受到破坏，地上部表现为树势衰弱。地上植株生长衰弱，萎缩，叶片黄化，产量显著降低，直至整个植株枯死。

图 3-66　根瘤蚜危害葡萄

苗木插条前先将苗木放入 30~40℃热水中浸 5~7 分钟，然后移入 50~52℃热水中浸 7 分钟，可有效消除苗木所带病原。葡萄园一旦发现了根瘤蚜，应该采取果断措施，即迅速拔除葡萄，并尽可能深耕清出根系，烧毁病原，避免根瘤蚜进一步扩散。选用抗根瘤蚜的砧木进行嫁接生产，是防止根瘤蚜危害的根本途径，也是最简单有效的途径。

第八节　自然灾害

葡萄园的管理总是会有很多不确定的因素存在，即使我们把所有的管理都做到最好，也无法阻止自然灾害的出现，比如冰雹、大风、霜冻、洪水等，都是突如其来的。因此，在多年的管理经验总结下，虽然我们不能完全避免自然灾害，但是要准备好该有的应对措施，做好灾后补救的方案，尽最大的努力来面对自然灾害。

一、葡萄园霜冻

葡萄园霜冻是指葡萄在生长期由于夜晚土壤和植株表面温度骤降到0℃以

下，引起果树幼嫩部分遭受伤害的现象。葡萄园霜冻分为早霜冻害和晚霜冻害。

（一）早霜冻害

早霜冻害发生在秋冬季节，是指葡萄在落叶之前未进入休眠状态时，突然降霜引起植株叶片干枯、落叶，此时叶片中的营养回流不完全，造成树体营养积累不够，就可能会造成第二年花芽分化不良、树体抵抗力下降。一般来说，早霜不会对葡萄造成太大的损失和伤害。

图 3-67 葡萄采收前出现早霜冻害

为了避免早霜冻害，应加强对葡萄土肥水管理和树势的培养，生长季后期控制新梢的生长，促进植株成熟老化，增加抵抗力。另外，还应结合当地往年气象资料，早作防御，必要时喷施脱落酸使植株提前进入休眠状态。

（二）晚霜冻害

晚霜冻害即我们通常所说的"倒春寒"。在春季气温回暖以后，不同的葡萄品种陆续开始萌芽，这个时候如果遇到 -3℃以下低温，则萌芽就会出现冻害；当葡萄抽枝展叶的时候，遇到 -1℃低温，嫩梢和幼叶就可能出现冻害；在极端的年份，进入花期之后，也可能出现 0℃以下的低温，就会造成花器受冻，即使气温未低到如此程度，只要气温骤降也会造成胚珠发育异常，花粉活力降低，出现大小粒或是僵果现象。可见温度是影响葡萄顺利通过萌芽、抽梢和开花物候期的重要因素。

晚霜可对葡萄当年的产量造成严重损害，甚至使葡萄绝产，更为严重的是它还会造成葡萄地上部分的衰弱甚至死亡，使葡萄园遭受灭顶之灾。目前，生产中主要有以下几种防治晚霜的措施。

1. 灌溉

在葡萄园设立自己的气温、地温实况观测记录，并随时注意天气变化和天气预报，根据天气情况及时采取必要的预防措施。一般情况下，最低气温降至 5℃以下，或地面最低温度降至 0℃以下，都可视为可能发生霜害的温度条件。可在霜冻来临前 1~2 天全园灌水，以提高地温。霜冻来临的当天傍晚对葡萄枝叶大量喷水，以提高树温。

2. 调节葡萄园小气候

（1）营造、选择利于葡萄生产的小气候环境。园址应选在向阳背风地带，

图 3-68　葡萄园加热法防霜

开阔平地建园前要营造防护林带，最好在主风向建设大型防护林带，可以有效减轻或避免霜冻的危害。

（2）加热法。加热防霜是现代防霜较先进而有效的方法。在电影《云中漫步》中，安东尼的葡萄园防霜就是用的这种方法。根据天气预报，或在葡萄园设置温度预警装置，并均匀安置火堆，当园内气温接近0℃时，在发生霜冻前点火加热，下层空气变暖而上升，而上层原来温度较高的空气下降，在果树周围形成暖气层，一般可提高温度1~2℃。虽然这种方法防霜效果好，成本也相对较低。但是会产生大量浓烟，对环境产生一定的影响，在很多地区被禁止使用。

（3）吹风法。辐射霜冻是在空气静止情况下发生的，利用大型吹风机加快空气流动，将冷气吹散，可以起到防霜效果。现在一些酒庄会在霜冻到来之前，使用直升机在葡萄园上低空盘旋，通过螺旋桨带来的风来防霜冻。但是租赁直升机的价格非常高，而且需要提前到葡萄园待命，即使没有出现霜冻没有动用直升机，也要支付部分费用。

图 3-69　葡萄园吹风法防霜

图 3-70　霜冻严重的葡萄园

二、葡萄园冻害

葡萄园冻害是由于冬季低温对葡萄枝干、芽体或植株根系产生的伤害现象。在我国黄河以北的葡萄产区，冬季埋土，主要就是为了防止葡萄出现冻害，但有时即使埋了土，冻害依然无法完全避免。

（一）冻害种类

1. 葡萄主干开裂

葡萄地上部的主干和主蔓的组织开裂，严重时甚至可以看到主干的内部。这种情况需要重新从根部培养新的主干，直接影响当年葡萄产量及品质的延续性。

2. 根系冻害

因葡萄根系过浅或是碳水化合物的积蓄不良而导致树根的冻害，冻害较轻会使整个生长势变弱，严重时可直接导致整株死亡。

3. 枝条干枯

在休眠季较干燥的产区，由于根系不活动，可能会出现葡萄枝条失水干枯，我们称之为"抽条"。一般需要在主干或是根部重新培养新枝。

4. 植株死亡

冻害严重时会导致整株死亡。

图 3-71　葡萄冻害萌芽表现

图 3-72　葡萄枝条冻害

（二）冻害原因

1. 冬季气候异常

大部分的酿酒葡萄为欧亚种葡萄，芽眼在冬季只能忍受 -18~-16℃的低温，而根系抗寒能力更差，在土温 -7~-5℃时就可能发生冻害。

2. 枝蔓木质化较差

由于肥水管理不当，尤其是氮肥施用量过大，使枝条发育不成熟，组织不充实，芽眼不饱满，自身抗寒能力差。

在我国的埋土防寒产区，冬季埋土和春季展藤的时间没有掌握好，或是

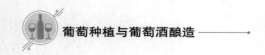

埋土方法、埋土厚度不合理，也会容易使植株遭受冻害。

（三）预防措施

1. 夏季修剪管理

葡萄新梢生长能力过强，可通过摘心以及副梢的合理管控，来调节其长势，让枝条更好地木质化。

2. 严格控产

一般说来，酿酒葡萄品种亩产需控制在 400~1000kg，既可以获得品质较高的酿酒原料，又可以保证葡萄的健康生长。

3. 科学施肥

很多酒庄或是农户自家的葡萄园，为了追求高产量在用肥中偏重使用氮肥，而忽略了磷钾肥和有机肥的使用，导致新梢成熟度较差，易发生冻害。葡萄园需要每隔 2~3 年使用一次有机肥，在每年的生长季，前期以氮肥为主，后期以磷肥和钾肥为主。酿酒葡萄在合理控产的情况下，对营养元素的消耗并不大，所以对于施肥要斟酌。

4. 浇好防冻水

这是一次防冻的关键水。在土地越冬以前，结合开沟施基肥，浇一遍透水。待土壤松散后深耕保墒。

5. 嫁接栽培

大部分的酿酒葡萄的根系抗寒性较差，还有一些葡萄品种，如美乐，它的根系生长特性为水平延伸，分布较浅，更容易出现冻害。可以选择一些耐寒的砧木，如贝达、山葡萄等，以增强葡萄的抗寒能力。

三、冰雹

冰雹在某些地区发生比较频繁，近年来有加重的趋势，范围和概率在不断增大，使葡萄园造成严重损失甚或绝收。冰雹多发期主要在夏季 7~8 月。此时葡萄正处于膨大期或转色期，冰雹会直接砸伤砸落幼果，引发病害侵染。同时还会砸伤叶片和新梢，影响树体的光合作用和枝条成熟，严重时砸伤树皮，导致树势衰退。

1. 防雹网

最直接有效的办法就是建立防雹网，对于冰雹频发的地区推荐使用，不仅能防冰雹危害，同时还可减少鸟类危害果实。但是要注意，采收后要及时收起，否则冬季出现降雪则会压倒架杆。

图 3-73　葡萄园遭受冰雹

2.驱散冰雹

采用火箭、高炮等轰击雹云增温，化雹为雨。

一旦葡萄园遭受冰雹后，应及时喷施农药，预防白腐病、霜霉病和灰霉病等病害，同时补充氮肥，加强光合作用，促使树体尽快恢复长势。

四、风害

风害在西北地区比较严重，大风可使葡萄受到机械损伤，严重时可将葡萄架式打翻，大量减产，给葡萄园带来极大损失。

在园地选择时尽可能避开风口等地块，另外预防风害也要采取一定的措施。

（1）建造防风林，注意要选择与葡萄没有共同病虫害的物种作为防护林。

（2）在新梢生长至一定高度后，要及时进行绑缚，以免被大风吹断。

（3）新梢前期生长水肥不要过量，避免新梢生长过快导致枝条柔软。

（4）葡萄园的架杆架材要选择较为坚固的材料，并在种植行两端进行加固处理，避免因大风将整行或整片葡萄园吹倒。

五、鸟害

鸟害也算是对于葡萄园危害较大的自然灾害了。鸟类啄食葡萄果实，不仅直接影响果实的产量和质量，而且导致病菌在被啄果实的伤口处滋生，使许多正常果实生病。

图 3-74　葡萄园鸟害

很多鸟类喜欢啄食成熟葡萄的果粒，有的将果粒啄烂，有的将果粒啄走，有的啄食果肉使种子外露干缩，从而使整个果穗商品质量严重下降，并诱发白腐病等病害的严重发生，鸟类啄食葡萄果实和种子对一些开展杂交育种的科研单位影响就更为严重。

防治鸟害就不能像防治病虫害那样使用农药或其他致死鸟类的方式，为了维持生态平衡，保护鸟类，我们只能采取阻挡或是驱赶的方式进行防鸟。目前使用较多的有如下办法：

（1）使用先进的超声波、微型音响系统、自控机器人、网室等驱避鸟类的新技术用于葡萄园鸟害的预防，这些方法的成本较高。

（2）使用稻草人、光盘反光、飘彩带以及放鞭炮等方式，使鸟儿受到惊吓，从而预防鸟害。这些办法很快就会被鸟儿识破，不具有持久性。

（3）防鸟网是目前使用最为广泛的葡萄园防鸟方式了，一般有以下几种使用方法：

①全园遮盖，这种方法适用于所有的葡萄园，缺点是耗费材料，需要专门做支撑架，且操作较麻烦。

②单行架覆盖，这种方式仅限于篱架及 V 形架的使用，在棚架上无法使用，会影响叶片光合作用和病虫害防控。

③结果带覆盖，这种方式仅限于使用篱架且结果带在同一水平线的架形，将防鸟网覆盖在结果带两侧。

（4）在葡萄园周围种植玉米、小麦或谷子等粮食，来吸引鸟类，从而减少葡萄园鸟害。

图 3-75　结果带覆盖防鸟网

六、野生动物

1. 鼠兔类破坏

田鼠和野兔等动物在葡萄园中挖洞筑巢等，在土壤下将葡萄系咬断，另外野兔还会啃咬葡萄幼枝、主干和离地面比较近的树皮等，尤其对刚栽下的新苗危害较大。

2. 野生蜂的破坏

除工蜂、蜂王以外还有多种野生蜂会给葡萄带来破坏，小型蜂只吸食汁液，但大型蜂会将果皮和籽之外的全部吃掉。在山间或山区的葡萄园所受的破坏更为严重。可以使用引诱剂进行诱杀。

图 3-76　葡萄园野蜂危害

思考与练习

1. 在法国勃艮第产区、中国宁夏贺兰山东麓产区、山东蓬莱产区建立葡萄园，在树形设计上各自需要注意什么？

2. 葡萄在进入成熟期后，有一些葡萄园会摘除果穗周围的老叶片。假如现在有一片葡萄园，位于我国延怀河谷产区，种植行南北走向，应该如何摘叶？

3. 有一些砧木品种（如山葡萄、贝达等）具有很强的抗寒性，那么是否能够通过嫁接技术，解决我国董河以北葡萄园的埋土防寒问题？

4. 葡萄在成熟期对水的需求量相对较少，频繁或过度浇水，会导致果粒变大，那么，在较为干旱的产区，如何解决浇水与果粒膨大之间的矛盾呢？

5. 在埋土防寒地区，尤其是我国西部地区，多采用3~4米的宽行距定植，请思考为什么这样做。

6. 一般来说，降雨量较大是大部分病害发生的条件，但在法国的波尔多、勃艮第和中国的蓬莱这些降雨量较多的产区，一些葡萄园却能通过有机种植或生物动力法来管理葡萄园，是怎么做到的呢？

7. 你还知道哪些农业上的自然灾害吗？

第四章
中国葡萄酒产区葡萄园

本章导读

　　按照中国气象地理区划和中国行政区划，中国葡萄酒产区分为11个，本章对11个产区概况、气候特征、葡萄品种等进行介绍；另对中国部分葡萄园埋土防寒和出土的独特操作以及埋土防寒注意事项进行介绍。

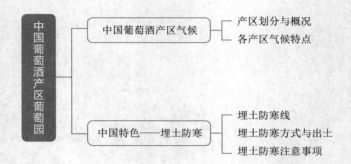

1. 了解中国葡萄酒产区划分概况和特征；
2. 理解产区气候与葡萄酒的联系；
3. 掌握我国独特的埋土防寒越冬方式。

第一节　中国葡萄酒产区气候

一、产区划分与概况

世界各地葡萄气候区域划分普遍采用的指标是基于夏季高温干燥、冬季温和多雨的地中海气候提出的以有效积温为基础的热量指标，这并不适合我国夏季炎热多雨、冬季寒冷干燥的大陆性季风气候。通过研究特殊气候条件对酿酒葡萄生长发育，特别是成熟过程的影响，创立了符合我国实际的酿酒葡萄气候区划指标体系：无霜期为热量指标，干燥度为水分指标，年极端最低温度 -15℃为冬季埋土防寒线。且在有灌溉能力的条件下，我们很多干旱、半干旱地区也可以大力发展葡萄酒产业。

综合考虑中国行政区划和中国气象地理区划，中国现有的酿酒葡萄栽培区域被划分为11个产区：东北产区、京津冀产区、山东产区、黄河故道产区、黄土高原产区、内蒙古产区、宁夏贺兰山东麓产区、河西走廊产区、新疆产区、西南高山产区、特殊产区。

表 4-1　中国 11 大葡萄酒产区概况

产区	分布范围	栽培面积（万亩）	气候类型	主要品种
东北产区	辽宁、吉林、黑龙江、内蒙古东部	12.37	温带湿润、半湿润大陆性季风气候	山葡萄及其杂交种、威代尔
京津冀产区	北京、天津、河北	25.52	温带湿润、半干旱大陆性季风气候	赤霞珠、美乐、蛇龙珠、玫瑰香、霞多丽、贵人香
山东产区	山东	25.13	暖温带季风气候	赤霞珠、美乐、蛇龙珠、品丽珠、霞多丽、贵人香
黄河故道产区	河南东部、安徽北部、江苏北部	2.25	暖温带半湿润季风气候亚热带湿润季风气候（河南南阳盆地）	赤霞珠、美乐、霞多丽
黄土高原产区	山西和陕西	5.60	陕南：北亚热带气候；陕北和关中：暖温带气候；山西：温带大陆性季风气候	赤霞珠、美乐、蛇龙珠、白玉霓

产区	分布范围	栽培面积（万亩）	气候类型	主要品种
内蒙古产区	内蒙古自治区	9.21	温带大陆性季风气候 寒温带大陆性季风气候	赤霞珠、山葡萄
宁夏贺兰山东麓产区	宁夏回族自治区	51	大陆性气候	赤霞珠、美乐、蛇龙珠、霞多丽、雷司令
河西走廊产区	甘肃	30.83	温带干旱荒漠气候	黑比诺、赤霞珠、霞多丽、贵人香
新疆产区	新疆维吾尔自治区	55.05	温带大陆性干旱气候	赤霞珠、美乐、霞多丽、雷司令、烟73
西南高山产区	青藏高原东南部、四川盆地、云贵高原大部	8.17	南亚热带亚湿润气候 高原季风气候 青藏高原气候 大陆性高原山地型季风气候 小气候 亚热带、干燥季风气候	赤霞珠、美乐、玫瑰蜜、水晶葡萄
特殊产区	湖南、广西壮族自治区等	19.95	大陆性中亚热带季风湿润气候 中亚热带季风湿润区	刺葡萄、毛葡萄

二、各产区气候特点

世界上大多数葡萄酒产区以地中海气候为主，而中国多数产区是大陆性季风气候。在我国影响葡萄栽培分布的主要因素是温度与降水。葡萄是喜光植物，只有全年光照达到1500~1600小时，葡萄生长季时长不低于1200小时，酿酒葡萄才能正常成熟。另外降雨方面，一般认为，成熟的葡萄植株每年能利用相当于609~762mm的降水。

（一）东北产区

1. 产区概况

东北产区包括辽宁、吉林、黑龙江和内蒙古自治区东部部分地区，酿酒葡萄种植面积约为12.37万亩。此产区的生产区域主要集中在黑龙江、辽宁、吉林三省，其中吉林省的生产规模最大，辽宁省次之，黑龙江省由于在东北三省的最北面，气候最为寒冷，因此种植面积较少。

东北产区的葡萄主要是山葡萄及其杂交品种，包括公酿 1 号、双优、左优红、双红、公主白、北冰红等。除山葡萄外，在辽宁还有大量威代尔。辽南地区栽种有少量的赤霞珠、美乐、蛇龙珠、霞多丽、烟 73、贵人香等品种。

2. 产区气候

东北产区的气候类型为温带湿润、半湿润大陆性季风气候，夏季高温，冬季严寒，春秋短促，表现为冷湿的特征。

温度：东北地区年平均气温通常在 -5~10℃。1 月是最冷月，7 月是气温最高月。1 月平均气温小于 -4℃，冬季严寒时可达 -40~-30℃。年活动积温（≥ 10℃）2567~2779℃。

无霜期：东北产区无霜期短，辽南及沿海最长，约为 160~200 天，向北至松江平原减至 120~160 天。平原以北和长白山的无霜期一般在 120 天以下，其中兴安山地山脊和长白山主峰一带不足 100 天。

降雨：年降水量约为 400~1000mm，地域间差别很大。降水量在夏季较为集中，大部分地区在 6 月上旬到 9 月上旬，平均历时约 102 天。

日照：日照时数约为 2200~3000 小时，日照百分率在 51%~67%。

（二）京津冀产区

1. 产区概况

京津冀产区包括北京、天津以及河北省。天津是我国第一家中外合资的葡萄酒企业诞生地，也是我国品种特性最典型、种植面积最大的玫瑰香葡萄酒产区。河北省是我国葡萄酒的生产大省，也是我国著名的葡萄酒生产基地。

目前，京津冀产区葡萄栽培区域主要集中在北京的密云、房山与延庆，天津的蓟县、大港、宁河与汉沽区，河北的张家口、唐山与秦皇岛。葡萄品种以赤霞珠、龙眼与玫瑰香为主，也有美乐、蛇龙珠、宝石、西拉、黑比诺、小芒森、小味尔多、烟 73、贵人香、品丽珠、霞多丽、白诗南、白玉霓、长相思等品种。

2. 产区气候

京津冀产区为温带湿润、半干旱大陆性季风气候，四季分明，雨量集中，干湿期明显。冬季寒冷干旱、雨雪稀少；春季则冷暖多变，干旱多风；夏季雨量集中，炎热潮湿；秋季风和日丽，凉爽少雨。总体温度适宜，热量充沛，雨热同季。

温度：年平均气温由北向南呈现逐渐升高的趋势，冀北高原的年平均气温小于 4℃，御道口最低，约为 -0.3℃；中南部地区的年平均气温升高到 12℃。南北年平均气温相差较大。年最高气温多在 6 月，长城以南均在 40℃以上。年最低气温主要在冀北高原，可达 -30℃以下。

降雨：年平均降雨量为 350~770mm，且分布极为不均，总体来说东南部降雨多于西北部。该产区内有两个少雨区：一是冀北高原，是该产区最为干旱的地区，年降水量不足 400mm；二是新乐、藁城、宁晋一带，年降水量不到 500mm。燕山南麓与紫荆关、涞水一带比较多雨。怀涿盆地的年均降水量为 420~480mm，雨热同期，冬春降水少，只占年降雨量的 8.49%（11 月至来年 4 月），需要灌溉；降水集中在 6 到 8 月，占年降雨量 70.1%；秋季采摘期基本无降雨，有利于减少裂果、防止果实霉变、促进糖酸比例协调。京津冀产区多年降雨量相差非常大，少则 4~5 倍，多则 15~20 倍。是降水变率最大的产区之一，使得境内常出现旱涝灾害。

日照：日照充足，年均 2400~3100 小时日照数，日照条件较好。冀山北区及北部山区和渤海沿岸，年日照数 800~3100 小时，是稳定的多日照区；太行山中部地区与燕山南麓次之，约为 2700~2900 小时；低平原、山麓平原和太行山南部最少，为 2400~2700 小时。

（三）山东产区

1. 产区概况

山东产区是全国葡萄酒产业发展最早、基础最好的省份，其中烟台是全国著名的葡萄酒产区和现代葡萄酒工业的发祥地，拥有张裕、长城、威龙等一线品牌与蓬莱酒庄集群。葡萄栽培面积有 25.13 万亩，分布在 12 地市。烟台的栽培面积最大，约占到全省栽培总面积的四分之三，且烟台是目前中国唯一被国际葡萄与葡萄酒组织（OIV）授予国际葡萄酒城称号的城市。

图 4-1　丘山山谷酒庄群

红色品种（75%）：主要栽培赤霞珠、蛇龙珠、美乐、品丽珠。除此之外还有烟 73、西拉、烟 74、小味儿多、紫大夫、马瑟兰、宝石、桑娇维塞、维欧妮、北醇、公酿 1 号等。

白色品种（25%）：主要栽培贵人香、霞多丽。除此之外还有威代尔、雷司令等。

2. 产区气候

山东产区气候属暖温带季风气候，雨热同期，且降雨多集中于夏季，夏季较长；春秋短，天气多变，多风沙，干燥少雨；秋季天气晴朗，冷热适中；冬季寒冷干燥。

温度：年平均气温 11~14℃，由东北沿海向西南内陆呈现递增的趋势，最低气温在 -20~-11℃，最高气温为 36~43℃。黄河三角洲、胶东半岛的年均气温在 12℃ 以下，鲁西南在 14℃ 以上。有效积温（≥10℃）一般在 3800~4600℃。

无霜期：全年无霜期从东北沿海向西南递增，鲁西南可达 220 天，鲁北和胶东一般是 180 天。

日照：全省光照时数年均 2290~2890 小时。

降雨：年平均降水量约在 550~950mm，由东南向西北逐渐递减。降水季分布不均，60%~70% 的降水集中在 6 到 8 月。

（四）黄河故道产区

1. 产区概况

黄河故道产区包括河南省、安徽省和江苏苏北地区。该产区葡萄酒企业通过引进早、晚熟抗病的酿酒葡萄品种以避开雨季，减少病虫害，改进葡萄栽培和管理技术，有效提高了原料质量。目前个别优良葡萄品种在兰考、民权等地正在逐渐扩大种植面积。民权县处在黄淮冲积平原北部，地势呈北高南低，从西北向东南微倾。地貌属沉积类型，为冲积扇形平原和沙丘沙地。

该产区的酿酒葡萄种植集中在河南省的兰考县、西华县、民权县，安徽省的萧县，江苏省的丰县。总种植面积不到 3 万亩，主要红色品种有赤霞珠、马瑟兰、美乐、蛇龙珠、烟 73、丹魄。主要白色品种有霞多丽、贵人香、威代尔等。

2. 产区气候

黄河故道产区热量充沛，多数区域属于暖温带半湿润季风气候，河南南阳盆地属亚热带湿润季风气候，充分的光照和水分使该产区的葡萄生长旺盛，但是雨季病虫害比较严重，适合种植抗病性较强的早、晚熟品种。

温度：年活动积温在 4000℃ 左右，1 月平均气温 -2.2~-0.2℃，4 月平均气温 13~15℃，7 月平均气温 25~27℃，葡萄生长季（7—9 月）气温较高。绝大部分地区冬季不需要埋土防寒。

无霜期：无霜期一般为 200~220 天。

日照：7 至 8 月的日照时长为 418.7~505.1 小时，日照充足。

降雨：降水主要集中在夏季，7 至 8 月平均降水量约为 264.7~484mm。

（五）黄土高原产区

1. 产区概况

该产区主要包括：山西和陕西。酿酒葡萄栽培总面积为 5.6 万亩，其中陕西 4.3 万亩，山西 1.3 万亩。陕西酿酒葡萄栽培区主要分布在关中平原，在泾阳县有大面积栽培，户县依靠秦岭北麓得天独厚的条件，有户太系列冰酒；山西酿酒葡萄栽培区域分布在中部的清徐和太谷，南部的乡宁、夏县和襄汾。

红葡萄品种主要有赤霞珠、美乐、蛇龙珠、烟 73 等，白葡萄品种有霞多丽、白玉霓、贵人香、雷司令等。另外还有冰葡萄酒品种北冰红、威代尔和户太系列。

2. 产区气候

（1）陕西：横跨三个气候带，南北差异大。陕南是北亚热带气候特色，关中及陕北是暖温带气候特色，陕北北部长城沿线是中温带气候特色。总体特点是：春暖干燥，降水较少，气温回升快而不稳定，多风沙；夏季炎热多雨；秋季凉爽湿润，温度下降快；冬季寒冷干燥，雨雪稀少。全省年平均气温 9~16℃，1 月平均 −11~3.59℃，7 月平均 21~28℃。无霜期为 160~250 天，极端最低气温为 −32.7℃，极端最高气温是 42.8℃。年平均降水量 340~1240mm，5 至 9 月降水最多，占总量 70% 以上。降水总体南多北少，陕南、关中、陕北依次为：湿润区、半湿润区、半干旱区。

（2）山西：该产区整体属于温带大陆性季风气候，冬长夏短，四季分明，春季干燥多风，夏季炎热多雨，且雨量不均；秋季温和凉爽，阴雨较多；冬季寒冷干燥，雨雪稀少。日照充足，昼夜、南北温差大。多数地区年日照时数在 2000~3000 小时，光热条件较为优越。全省年平均气温为 3.7~13.8℃，受高海拔影响，比同纬度华北平原低 2~4℃，整体南暖北凉。该省年总有效积温在 2200~4500℃。全省各地无霜期一般在 120~220 天，南长北短，平川长山地短，年降水量 380~650mm，随季节分布不均，且降水受地形影响较大。

（六）内蒙古产区

1. 产区概况

内蒙古栽培区域主要分布在内蒙古西部，包括乌海市、巴彦淖尔磴口县、阿拉善盟阿左旗，及鄂尔多斯的伊金霍洛旗和杭锦后旗等地；其次是中部呼和浩特托克托县和乌兰察布；东部的通辽和赤峰的部分地区也有栽培。其中乌海为内蒙古产区最主要葡萄酒产区。

该产区主要种植的红色品种有赤霞珠、蛇龙珠、品丽珠、美乐、西拉，白色葡萄品种有霞多丽、雷司令、贵人香等。

2. 产区气候

内蒙古地域广袤，纬度较高，高原面积大，距海洋远，边沿有山脉阻隔，以温带大陆性季风气候为主。降水量少而不匀，风大，寒暑变化剧烈。大兴安岭北段地区属寒温带大陆性季风气候，巴彦浩特海勃湾巴彦高勒以西地区属温带大陆性气候。总体特点是春季气温骤升，大风天气多，夏短炎热，降水集中，到了秋季气温剧降，霜冻常常早来，冬冷漫长，多寒潮。

温度：年平均气温 0~8℃，气温年差平均在 34~36℃，日差平均在12~16℃。

降雨：年总降水量 50~450mm，降水量由东北向西南呈递减趋势。东部鄂伦春自治旗降水量达 486mm，西部阿拉善高原年降水量少于 50mm，额济纳旗为 37mm。蒸发量大部分地区都高于 1200mm，大兴安岭山地年蒸发量少于 1200mm，巴彦淖尔高原地区达 3200mm 以上。

日照：日照充足，光能丰富，大部分地区年日照时数大于 2700 小时，阿拉善高原西部地区甚至高达 3400 小时以上。太阳辐射量从东北向西南呈现递增趋势。

大风和沙暴：平均一年有 10~40 天的大风天气，且 70% 集中在春季。其中乌兰察布高原、锡林郭勒高达 50 天以上；大兴安岭北部山地，在 10 天以下。大部分地区沙暴日数为 5~20 天，阿拉善西部和鄂尔多斯高原地区可达 20天以上，阿拉善盟额济纳旗的呼鲁赤古特大风日数年均高达 108 天。

（七）宁夏贺兰山东麓产区

1. 产区概况

宁夏贺兰山东麓产区包括：银川产区、青铜峡产区、红寺堡产区、永宁产区、贺兰产区、石嘴山产区。该产区 2021 年 7 月正式挂牌成为国家葡萄及葡萄酒产业开放发展综合试验区。强光照、高积温、少降雨、温差大、可控水、无污染的产区风格彰显地域优势，是我国优质酿酒葡萄产区之一。

该产区主栽品种近 20 个，红色品种较多达 90% 以上，且 75% 以上是赤霞珠。除此之外红色葡萄品种还有蛇龙珠、美乐、品丽珠、西拉、黑比诺、马瑟兰、紫大夫等。白葡萄品种有霞多丽、雷司令、贵人香、威代尔等。

图 4-2　宁夏产区葡萄园

2. 产区气候

宁夏贺兰山东麓产区属于大陆性气候，该产区远离海洋，春季多风沙、夏少酷暑、秋凉早、冬寒长、雨雪稀少、日照充足。

温度：年平均有效积温（≥10℃）为1534.9℃，葡萄生长季积温为3300℃，7~9月有效积温961.6℃。昼夜温差10~15℃，有利于葡萄的糖分积累。

日照：全年日照时数为2851~3106小时。

降水：年降水量平均在193.4mm，8~9月葡萄浆果成熟期，降雨量更少，需适时灌溉。年降水量由南向北迅速递减，总体在200~700mm；蒸发量较大，多地实测蒸发量在1500mm以上。

无霜期：平均在170天左右，霜冻和低温冻害是该产区常见的灾害之一，需埋土防寒。

（八）甘肃河西走廊产区

1. 产区概况

该产区葡萄栽培区域包括兰州、张掖、武威、嘉峪关、酒泉，其中兰州主要以鲜食葡萄为主，武威、嘉峪关、张掖主要种植酿酒葡萄，酒泉两者兼有。河西走廊酿酒葡萄种植区在内陆，靠近沙漠，湿度小可减少葡萄病害发生。另外可满足早、中、晚熟品种对热量的需求，成熟期气候冷凉，果实成熟较为缓慢，香气浓郁，是优质酿酒葡萄尤其是红色酿酒葡萄品种的生产基地。

河西走廊产区目前种植国内外品种20多个，比较有代表性的有黑比诺、蛇龙珠、美乐、雷司令等，其中武威产区的黑比诺表现优良，品丽珠、雷司令等表现较好，张掖地区的贵人香、赤霞珠、蛇龙珠、霞多丽等表现良好。

红色葡萄品种以赤霞珠、蛇龙珠、美乐、黑比诺为主。白葡萄品种：武威产区以霞多丽、白比诺、贵人香、雷司令为主，张掖产区以贵人香、霞多丽、琼瑶浆、赛美蓉、威代尔为主。

2. 产区气候

河西走廊是典型的温带干旱荒漠气候，夏季高温少雨，冬季寒冷干旱。

温度：年平均气温 7.6~9.3℃，昼夜温差平均 15℃，活动积温 3200℃以上。

日照：年日照 2550~3500 小时，光照资源丰富。

降水：总体降水较少，年降水量只有 37.3~230mm，年蒸发量 1700~2600mm。降雨量夏季占 50%~60%，春季占 15%~25%，秋季为 10%~25%。在 8~9 月葡萄成熟期，降水量不足 30mm，有利于葡萄的成熟。河西地区属绿洲灌溉型农业区，主要以人工灌溉为主，葡萄色深、糖多、病虫害极少。

无霜期：160 天左右。

（九）新疆产区

1. 产区概况

新疆产区从北至南大致可分为四个葡萄酒子产区，依次为伊犁河谷产区、天山北麓产区、南疆产区（焉耆盆地）和吐哈盆地产区。目前酿酒葡萄总面积约为 55.05 万亩，居全国之首。新疆具有得天独厚的光、热、水、土资源，日照时间长，积温高，昼夜温差大，无霜期长，对酿酒葡萄的生长十分有利。

主要酿酒红色品种有赤霞珠、蛇龙珠、品丽珠、美乐、西拉、佳美、法国蓝、黑皮诺、晚红蜜、烟 73 等，白色品种主要有霞多丽、贵人香、雷司令、白皮诺、白诗南、白玉霓等。

2. 产区气候

新疆以温带大陆性干旱气候为主，西、南部有少量高原山地气候。由于天山能阻挡冷空气南侵，天山成为气候分界线，北疆属中温带，南疆属暖温带。

温度：南疆平原年均气温在 10~13℃，北疆平原低于 10℃。极端最高气温出现在吐鲁番，达到 48.99℃，极端最低气温为富蕴县可可托海的 -51.5℃。有效积温（≥10℃）南疆平原在 4000℃以上，北疆平原多数不到 3500℃。

无霜期：南疆平原无霜期在 200~220 天，北疆平原大多不到 150 天。

日照：年日照时数从南向北略增，皮山 2574 小时，阿勒泰 3001 小时；由东向西减少，星星峡 3549 小时，霍城 2828 小时；从平原到山区，北疆减少，南疆增加。

降水：新疆年平均降水量仅 145mm，为中国平均值 630mm 的 23%，在全球同纬度中几乎是最少的。新疆的水汽主要来自太平洋，天山山脉对北来水汽输入起了阻碍作用，天山以北年降水量相对较多，南疆各地普遍小于100mm。位于迎风坡的伊犁河谷，降水量高于其他地区，这是因为来自大西洋的少量水汽被天山山脉阻隔后在此形成降雨。

（十）西南高山产区

1. 产区概况

西南高山产区主要集中在四川、云南、西藏三省区交界的大香格里拉产区，其中云南省生产规模最大，四川省次之，西藏自治区规模最小。总栽培面积 8 万多亩。

主要栽培品种：四川有赤霞珠、美乐、蛇龙珠、法国蓝，少量西拉、黑比诺、品丽珠、烟 73，以及少量的白色品种霞多丽。凉山地区还有少量玫瑰蜜和增芳德，理县有一些威代尔，用于酿造冰葡萄酒。云南迪庆主栽品种为赤霞珠，有少量美乐、蛇龙珠、霞多丽和雷司令；弥勒、丘北地区主要栽培的是水晶葡萄和玫瑰蜜，这两个品种鲜食和酿酒兼用。西藏东部地区栽培有小面积的法国蓝、法国野、赤霞珠等品种。

2. 产区气候

该产区气候类型复杂，葡萄园基本都在日照充足，且有灌溉水源，无霜期较长，海拔相对较低的区域，高山寒区由于积温不足葡萄无法完全成熟。葡萄栽培区域，冬季温暖极端温度不低于 −15℃，冬季无须埋土防寒，是国内少数无须埋土的产区之一。由于该产区气候多样，节选部分产区进行介绍。

四川攀枝花市属南亚热带亚湿润气候，为多山地形，地形复杂，地理位置特殊，太平洋季风和印度洋的暖湿气流的影响，造就了独特的高原季风气候。另外受金沙江沿岸河谷热气流的影响，雨量少且集中，蒸发大。全年日照时间长，太阳辐射强，昼夜温差也较大，气候的垂直差异明显。年均气温为 19~21℃，全年无冬，年有效积温为 4800~6300℃，其中葡萄生长期 2—7 月的有效积温为 2300~3200℃，年生长日数为 210~300 天。全年日照时数2300~2700 天，光照充足，无霜期在 300 天以上，昼夜温差大于 15℃，年均降水量 600~1000mm，90% 的降水集中在 6 到 10 月。

四川甘孜主要是青藏高原气候：日温差大、年温差小，夏季炎热干燥、冬季干燥少雨，降雨量为 300~500mm，日照充足。甘孜所处纬度属亚热带气候区，但地势强烈抬升，地形复杂，又深处内陆，绝大部分区域已经失去亚热带气候特征，形成了大陆性高原山地型季风气候，地域差异显著，复杂多样。从南到北跨 6 个纬度，从南到北气温逐渐降低，年均气温相差达 17℃

以上。

图 4-3　云南迪庆葡萄园

云南迪庆位于青藏高原南缘横断山脉，滇、川、藏三省区的交接部，处在青藏高原南延部分，白马雪山和梅里雪山挡住了来自印度洋季风性气候的影响，使得该地区形成了澜沧江和金沙江河谷的小气候。白天高强度阳光照射，加上河谷内空气流动受限，温度较高，而夜晚高山上的冷空气下降，地面的高温空气上行，气温下降的较快，昼夜温差增大。

酿酒葡萄种植区域海拔在 1700~2800m，是高海拔和低纬度并存的地带，太阳辐射强，海拔较低区域偏干热河谷气候特征，海拔较高的区域偏冷凉气候特征。年均气温在 15.2~16.5℃，最热月平均气温在 24.0℃，极端最高温度 36℃左右，有效积温为 4600~5300℃，持续 280 天。年日照时数在 1937~1743 小时，无霜期 230~240 天，年降雨 300~600mm，干燥度 >2.0，非常适于酿酒葡萄的生长。

云南弥勒属亚热带、干燥季风气候类型，光热条件好，年平均气温为 17.39℃，年日照时数在 2176.4 小时。整体比较温和，冬无严寒夏无酷暑，日温差大，年温差小。整体表现为积温高、光照充足、雨量少、气候凉爽、昼夜温差大。葡萄成熟比很多产区早，晚熟品种在 7 月中旬成熟，早熟的酿酒品种在 6 月下旬就成熟。

（十一）特殊产区

1. 产区概况

特殊产区主要指我国南方地区各酿酒葡萄栽培地，主要包括湖北、湖南、江西和广西地区，由于气候温暖湿润，种植当地野生葡萄，如湖南的刺葡萄、

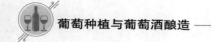

广西的毛葡萄代替欧亚种酿酒葡萄。

2. 产区气候

以下选取部分产区进行介绍。

湖南属大陆性中亚热带季风湿润气候，光热水资源丰富，三者的高值基本同步。气候年内的变化较大，冬寒冷夏酷热、春天温度多变、秋天温度陡降，春夏多雨，秋冬干旱。大部分地区平均温度为16~18℃，无霜期在253~311天，年日照时数在1360~1840小时，平均降水量为1200~1700mm，时空季节分布不均。

广西纬度低，热量丰富、雨热同季、干湿分明，日照适中。各地年平均气温为16.5~23.1℃。气温由南向北递减，从河谷平原向丘陵山区递减，全区约有65%的地区年平均气温在20.0℃以上。广西是全国降水量最丰富的省区之一，各地年降水量为1080~2760mm，其中大部分地区在1300~2000mm，东多西少，丘陵山区多，河谷平原少。夏季迎风坡多，背风坡少，降水量季节分配不均，干湿季分明。4~9月为雨季（70%~85%），强降水天气较频繁，易发生洪涝灾害。10月到次年3月是干季（15%~30%），干旱少雨。广西各地年日照时数1169~2219小时，南多北少，河谷平原多，丘陵山区少。

 第二节　中国特色——埋土防寒

我国90%以上的葡萄酒产区在冬季需要埋土防寒，这是我国特有的情况。葡萄植株是否需要埋土才能安全过冬，是影响葡萄园收益和葡萄栽培的一个重要因素。

一、埋土防寒线

葡萄是喜温植物，酿酒葡萄多为欧亚种，在北方冬季休眠期间，欧亚种的成熟枝芽一般只能忍受-15℃的低温，根系只能抵抗-6℃左右的低温，所以当温度低于-15℃时需要把葡萄植株的所有部分进行埋土防寒。除温度因素外，还应考虑干旱问题，我国北方地区多数的气候特征是冬季干燥少雨雪，风大，如果不进行埋土很容易出现葡萄枝条被抽干的情况。

在我国葡萄酒产区年极端最低气温为-15℃的地区，从东到西划了一条界线，这条界线就是埋土防寒线。从东到西大致经过山东的莱州、青岛、临沂，江苏的沛县、丰县，河南的范县、鹤壁，山西的晋城、运城，陕西的浦城、淳化，再到甘肃的天水，然后由西南至四川的马尔康、西昌，经过云南的丽江，到西藏的东南。

图 4-4　人工埋土

除考虑年极端气温外，还应该注意如果某葡萄酒产区 5~10 年内出现一次 -15℃或更低温度情况，也需要埋土防寒。另外即使是一些不用埋土的产区，例如山东产区的一些酒庄也会对葡萄植株进行埋脚处理，保护植株的根系。

表 4-2　不同种葡萄根系和枝芽耐受温度

	欧亚种	欧美杂交种	贝达葡萄	山葡萄
根系耐受	-6~-5℃	-7~-6℃	-12℃	-16℃
枝芽耐受	-18~-15℃	-20℃	-30℃	-40℃

二、埋土防寒方式与出土

（一）埋土防寒方式

一般而言（针对欧亚种），越寒冷的产区需要埋得越深，覆盖得越厚，从而更好地保护葡萄植株。所以在严寒地区可以采用深沟栽植，再配合适合的埋土防寒方式，由表 4-2 可知，贝达等砧木的耐寒性比欧亚种要强很多，所以采用砧木嫁接也是很好的防寒措施。

常见的埋土防寒方式有以下 6 种。

（1）地上实埋防寒法。在西北、华北和东南部地区这种方法被广泛使用，先将枝蔓顺着行向压倒平行放在地面上，然后将其捆成一束，最后在上面覆盖一层土。

如果在比较寒冷的产区，用草绳捆成一束后可以先在上面覆盖一层有机物，这样比直接盖土内部温度要高 2~3℃。常用的有机物有苞米秸、高粱秸或其他不易腐烂且充分干燥的有机物。无论是哪一种方式一定要注意密封性，土块一定要打碎盖严，不要透风。另外覆盖用土的选取一定要远离植株，避免对根系造成冻害影响。

图 4-5 机械埋土

（2）地下实埋防寒法。在特别寒冷的地区，可以在株间或行间挖临时性沟，沟的大小以能放入枝蔓又不挤压为准，将捆好的枝蔓放入沟内，然后覆土，新疆沟壕栽培的防寒与此相似。

（3）"爬地龙"的栽培新模式防寒法。在需要埋土防寒的产区，传统的栽培模式很难采用机械化生产，在此基础上西北农林科技大学历时 20 年研发出"爬地龙"的栽培新模式。其特点是：葡萄植株没有主干，冬剪后枝蔓也不需要下架即可埋土；第二年春季出土后也无须上架，可以实现埋土、出土和其他主要田间作业的机械化。在山西、宁夏、甘肃、陕西等地都有推广。

（4）覆草覆膜防寒法。黑龙江省冬季严寒，所以其发明了覆草覆膜防寒法，此方法在原有方法的基础上，减少土方的使用，而改用草和塑料薄膜。具体步骤是：先将葡萄枝蔓按行向压倒理顺，在上面覆盖 40cm 的草或者小麦秸秆，覆盖完成后盖上一层塑料薄膜，最后用土压实，注意两侧部位要避免漏风。这种方法不仅可以减少土的用量，同时减少了人力成本和时间成本。土层厚度可以根据严寒情况适度增减，且覆盖用草在来年葡萄植株出土后还可翻耕入土作为肥料。

（5）树干培土法。在我国一些不需要埋土防寒的葡萄酒产区，由于葡萄植株根部的耐寒性不如枝条，所以即使在一些不太寒冷的地方也需要对其根部进行埋脚处理。通常的做法是在落叶以后、寒流之前，用机械设备犁地，将行间的土堆到根部位置，土层的厚度在 20 厘米，也可根据当地实际年温度数据进行调整。另外在此之前要给葡萄植株浇灌足够的水分，这样的操作即使遇到极端年份冻坏地上部分，根系也不会有大碍，覆土以下的枝蔓也可以萌发重新构成树体。

（6）利用抗寒砧木。砧木的耐寒性比欧亚种有天然的优势，例如贝达的根系可耐受 −12℃，枝条可耐受 −30℃。山葡萄根系可耐受 −16℃，枝条可耐受 −40℃。所以在东北等地区采用抗寒的山葡萄作为砧木，其根系抗寒能力得到很大的提高，这样就可以减少土层厚度。例如在沈阳等地，可以直接覆土 20~25 厘米，前期也不用先覆盖一层秸草。所以在一些极为寒冷的地区，大面积推广抗寒砧木极为重要。

葡萄冬季埋土防寒是一件比较繁重的工作，为了提高效率，有些地区已经采用机械化埋土，埋土的时间也稍微有差别，华北地区在 11 月中旬左右，东北中部地区大致在 10 月下旬，东北北部地区约在 10 月中旬，新疆、内蒙古和呼和浩特大致在 10 月中下旬。冬剪后、土壤结冻之前，根据当地的气候和葡萄园的工作进度适当调整具体的埋土时间。

（二）出土

春季葡萄伤流开始后至芽眼膨大前，进行出土并上架。出土过早过晚都不利于植株的正常生长，出土过早而根系尚未开始活动，葡萄的枝芽很容易被风抽干；出土过晚，芽眼已经膨大，在出土的过程中容易受到损伤。所以掌握合适的出土时间非常重要，除靠种植师多年的经验外，还可以选择一些果树作为"指示植物"。例如，甘肃武威产区，一般在当地山桃开花或杏树花蕾膨大时，开始出土为宜。

三、埋土防寒注意事项

（1）埋土防寒前的准备工作：在葡萄埋土防寒前要提前完成冬剪、清园消毒、浇封冻水和压蔓等准备工作。

（2）埋土后要注意土层厚度是否合适，以及是否拍实土堆，防止出现漏风的现象。

（3）取土的地点要远离葡萄植株的根系，至少离根茎部 1 米远，防止发生根系侧冻，避免盖了枝蔓但是冻了根系。

葡萄埋土
防寒视频

（4）在压倒主干时，可在主干弯曲的地方垫一个土枕，这样可以防止基部折断。

（5）不同产区所处地域不同，其冬季的环境温度也不同，所以具体的埋土方式和埋土的厚度也不同。另外不同品种的耐寒程度也不一致，所以必须根据实际条件和经验来选择埋土方式以及土层厚度，避免过度和不及。

思考与练习

1. 怀来秋季干旱少雨多风的气候对酿酒葡萄的生长有什么影响呢？

2. 如何根据葡萄园的树形判断此产区是否需要埋土？

3. 中国葡萄酒产区葡萄风土与国外有何不同？对酒的品质有何影响？

第五章
有机种植

本章导读

　　本章主要介绍了几种葡萄种植的新模式——可持续种植、有机种植和生物动力法。要求在注重传统葡萄种植理念的基础上，深入理解什么是可持续种植、有机种植和生物动力法。简单介绍了三种种植模式的管理是通过哪些关键性技术实现的。

　　在本章中简要介绍了一些认证标识，可结合实际中见到的葡萄酒酒标逐步深入，重在理解和解读。

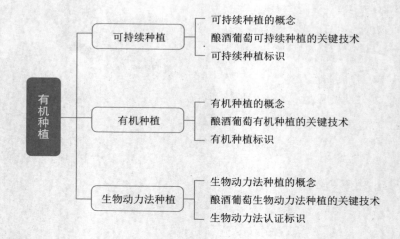

1. 理解可持续种植、有机种植和生物动力法种植的概念；

2. 了解并能够识别可持续种植、有机种植和生物动力法种植的标识；

3. 掌握酿酒葡萄园中所应用的可持续种植、有机种植和生物动力法种植的关键技术。

第一节　可持续种植

在传统的葡萄种植理念中，既要做到节省工作时间并降低工作强度、工作成本，又要确保葡萄收获时达到足够好的质量，因此，在葡萄园的日常管理中，越来越多地使用机械化；为了保证葡萄健康生长，会大量地使用农药和化肥，降低了土地资源的可持续利用。过度的机械化作业，尤其在葡萄藤行间作业，机器反复的行走会压实土壤，从而使土壤物理结构发生变化，土壤养分利用率降低。此外，土壤的压实会影响植物根系的呼吸和对养分的吸收，在倾盆大雨期间，由于水分渗透的减弱，会在葡萄地表面发生径流，导致土壤表层退化。

一、可持续种植的概念

在2004年，国际葡萄与葡萄酒组织（OIV）对于可持续葡萄种植给出了完整的定义，即葡萄生产、加工系统的全球方法结合地区和组织机构的经济可持续性，获得优质产品，同时考虑到精准葡萄栽培的要求及环境，产品安全和消费者健康相关的风险以及加强遗产、历史、文化、生态和景观这些方面。其理念是利用自然调节机制和资源，取代任何不利于环境的手段，长期保证高质量的葡萄生产系统。

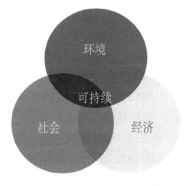

图5-1　可持续的三要素构成

可持续作为一种哲学，不能等同于环境保护，它是将农业的经济学、生态学和社会学融合在一起。可持续因地制宜地利用自然调节和资源，扬长避短生产出优质酿酒葡萄，获得更高的经济效益，也是可持续种植的首要目的。

二、酿酒葡萄可持续种植的关键技术

酿酒葡萄可持续种植就是利用自然调节机制和资源取代任何不利于环境的手段，并长期保证高质量葡萄的可持续生产系统。这个系统必须满足生产高质量的葡萄和葡萄酒、尊重人和环境、保证葡萄与葡萄酒长期的经济效益等三方面的要求。其目的和任务是根据不同的生态类型，确定适当的品种以及与之相适应的栽植技术，做到适地适种、科学管理，在保证生态资源永续利用和葡萄植株寿命的前提下，追求葡萄产品在质量和产量上的最大效益。

（一）葡萄园行间生草

在前面（第三章）内容里已经详细地介绍过葡萄园行间生草或者间作的方法，这里不再赘述，通过葡萄园行间生草的方法，可以起到生长季防风固沙、保持水土、持续改良土壤、增加（微）生物多样性的作用，同时也可减缓地表温度、湿度的急剧变化，改善葡萄园生态环境，提高果实产量与品质。

图 5-2　葡萄园行间生草

（二）葡萄园行间间作

葡萄园行间间作在前面第三章内容里已经详细地介绍过了，这里不再赘述。豆科植物的根部易被根瘤菌侵入，而根瘤菌是具有固氮作用的微生物，土壤中含有的根瘤菌侵入对应的豆科植物中就可以发挥固氮作用。比较适合酿酒葡萄园的豆科植物是花生，花生属于矮化植物，与葡萄没有相同的病虫害。在每年花生收获之后，可使用秸秆还田机将花生秧粉碎后直接当作绿肥还田。

使用间作法来替代生草法，既可以起到生草的作用，同时还可以产生一定的经济价值。

（三）葡萄枝条还田

葡萄园每年冬季都会修剪下来大量的葡萄枝条，以前这些枝条大部分都被焚烧和丢弃，少部分枝条被用于加工饲料和肥料。枝条燃烧将向大气中排放大量的微粒，对环境造成污染。将葡萄枝条粉碎还田，既解决了枝条的处理问题，同时还可以有效地补充土壤有机质含量。

葡萄枝条还田目前主要有两种方式。

1. 集中粉碎处理

将每年冬季修剪后的枝条集中到一个专门的场地，使用大型秸秆粉碎机，将枝条全部粉碎，在后

图 5-3　葡萄枝条集中粉碎处理

期发酵有机肥的时候混入发酵池，或者在施肥的时候与有机肥一起施入葡萄园中。

2. 田间粉碎处理

在每年冬季修剪后，将葡萄枝条铺在葡萄行间，利用拖拉机牵引式枝条粉碎机，将枝条粉碎成 2~3cm 的片状碎屑覆盖在葡萄行间或行内，达到改良土壤的作用。

枝条的可持续利用可以全方位地提高土壤肥力，同时也可以改善葡萄园微气候，增加土壤微生物数量和群落的多样性，延长葡萄寿命，提高果实品质。

图 5-4　葡萄枝条田间粉碎处理

三、可持续种植标识

对于可持续种植的标准和认证机构，目前还没有统一的全球标准，国际标准化组织（ISO）有一套 ISO14000 环境管理系列标准，帮助企业和组织管理其环境责任。ISO 不断更新和修订可持续性准则和遵从性，为全球的可持续种植制定了良好的国际基线。

（一）香槟区可持续种植认证

图 5-5　性费洛蒙迷惑防治法（左）和香槟区可持续种植认证（右）

在法国香槟产区，已有超过 2000 公顷的葡萄园被认定实施了《香槟区葡萄的可持续种植管理》，占整个香槟葡萄园面积的 6%。除此之外，还有约 1% 的葡萄园实行有机种植模式，这将大大减少化学药剂在葡萄园中的使用。

图 5-6 可持续种植认证的香槟酒

法国人研究了一种新型的虫害防治方法，叫作"性费洛蒙迷惑防治法"，该方法可以取代传统的化学防治法，目的在于干扰雄性和雌性蝴蝶交配，从而抑制毛虫的出生率。香槟区将这一干扰生物交配技术全面推广，以改变传统的杀虫方式，目前在整个欧洲都处于领先地位。

（二）新西兰 SWNZ 可持续发展计划认证

2016 年，新西兰葡萄酒可持续发展计划覆盖了 98% 的新西兰葡萄园，被独立机构认证的有机葡萄园比例为 7%。

具有可持续种植标识的葡萄酒常常是和其他认证结合在一起的，如果酒瓶上仅有"可持续"字样，就应该可以找到更多的酒标签。也就是说，除了要在酒标上标注出常规的如品种、产地、年份等信息外，还应标注出具有可持续种植标志的字体或图标，消费者在选择时也能一目了然。

图 5-7 新西兰 SWNZ 可持续发展计划认证标识

图 5-8 新西兰 SWNZ 可持续发展计划认证的葡萄酒酒标

第二节 有机种植

有机葡萄种植包含了许多可持续葡萄种植的概念，但是要求严格。为了提高其可持续性，葡萄种植应在模拟自然生态条件下调动农业生态系统中的自然控制（如害虫、疾病和营养），并在有限的人工干预下促进葡萄树的生长，以加强生态系统的服务，减少投入和由此产生的环境影响，同时保持较高的社会经济效益。

一、有机种植的概念

不使用化学合成物质和转基因产品，是"有机"概念的基本思想。根据国家标准《GB/T19630—2019 有机产品生产、加工、标识与管理体系》要求中给出的定义，有机生产是指遵照特定的生产原则，在生产中不采用基因工程获得的生物及其产物，不使用化学合成的农药、化肥生长调节剂、饲料添加剂等物质，遵循自然规律和生态学原理，协调种植业和养殖业的平衡，保持生产体系持续稳定的一种农业生产方式。

根据 OIV-ECO 460-2012 号决议，有机葡萄种植基于三个原则：土壤肥力、保持生物多样性和生态循环下的病虫害防控。有机葡萄种植的生产系统包括：

（1）长期维持生态系统和土壤的肥力。

（2）增加生物多样性和自然资源的保护。

（3）促进生态过程和生态循环的利用。

（4）尽可能地减少或消除外部干预以及需要使用化学合成产品的葡萄栽培做法。

（5）在转换和生产过程中使用有机的产品和工艺，避免使用对环境有着极大负面影响的技术。

（6）排除使用转基因生物和来自转基因生物的投入。

二、酿酒葡萄有机种植的关键技术

（一）有机种植的病虫害防控

在有机种植管理的葡萄园内，要求尽可能地使用天然产品来防治病虫害，绝对禁止使用化学合成农药和转基因产品。被允许使用的药物一般分为以下

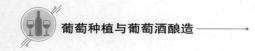

五类。

1. 植物和动物来源

如楝素（苦楝等提取物）、天然除虫菊素、苦参碱及氧化苦参碱、大黄素甲醚、植物油、蜂胶、明胶、卵磷脂、具有驱避作用的植物提取物、昆虫天敌等。

2. 矿物来源

如铜盐（硫酸铜、氢氧化铜等）、石硫合剂、波尔多液、硫黄、矿物油、石灰水等。

3. 微生物来源

如真菌及真菌制剂（白僵菌、绿僵菌、木霉菌等）、细菌及细菌制剂（枯草芽孢杆菌、地衣芽孢杆菌等）、病毒及病毒制剂（核型多角体病毒、颗粒体病毒等）。

4. 其他来源

如乙醇、明矾、软皂、磷酸氢二铵（引诱剂，不可投入葡萄园中）等。

5. 诱捕器、屏障

如物理措施（色彩／气味诱捕器等）。

以上这些病虫害防控措施，并不是可以无限使用的，在应用中，很多都是限量使用的，比如"波尔多液"（硫酸铜、石灰和水的比例混合液）被用来防治葡萄园中的霜霉病，每年的限量为铜离子的使用量每公顷葡萄园不得超过 5kg。

（二）有机种植的土壤管理

在实行有机种植管理的葡萄园内，绝对禁止使用除草剂、化学肥料等投入品进行土壤管理。被允许用来改良土壤和施肥的投入品及方式方法一般分为以下四类。

1. 植物和动物来源

如植物材料（秸秆、绿肥等）、充分腐熟的畜禽类粪便、海草或海藻产品、沼肥、天然腐殖酸类物质、经过充分腐熟和无害化处理的动物来源副产品（血粉、肉粉、角粉等）、草木灰、未使用化学方法加工的饼粕等。

2. 矿物来源

如磷矿石、未通过化学方法浓缩的钾矿粉；未经化学处理的硼砂、微量元素、镁矿粉、硫黄、石灰石等。

3. 微生物来源

可生物降解的微生物加工副产品，如酿酒和蒸馏酒行业的加工副产品（皮渣、酒泥等）、非转基因的微生物及微生物制剂等。

4. 行下铺防草布

图 5-9 有机种植葡萄园的土壤

在每年的葡萄生长季，对行下进行物理方式除草，主要是通过铺设黑色透气的防草布或者是植物源的覆盖物（如椰丝等粗纤维类物质），用来代替人工除草或是化学除草。

对于葡萄园有机种植来说，土壤管理是一项长期而又巨大的工程，以上的所有技术都是辅助作用，需要经过长期的管理来为酿酒葡萄的生长营造一个良好的生长环境。通过与自然合作，有助于促进生物多样性，进而鼓励自然虫害控制。例如，在葡萄园行间种植开花的覆盖作物，可以吸引葡萄园害虫的天敌。这些措施有助于为葡萄园创造一个自我调节的生态系统，这意味着生产有机葡萄酒无须依赖有害的农药。

三、有机种植标识

目前，有机农业发展和有机农产品生产还没有一个世界通行的有机标准，这使得发展中国家的有机产品生产者很难选择一个合适的有机标准。有机市场由一些最重要的有机产品进口国和越来越多的有机产品生产国进行规范。

也就是说，一个产品必须获得相应标准的认证才能作为"有机产品"进行销售。这就要求根据有机产品的最终市场选择最合适的有机认证标准，通常来说，获得的认证越多，意味着产品的质量获得的认可越高。

（一）中国有机产品认证标识

1. 标识解读

中国有机产品标志由两个同心圆、图案以及中英文文字组成。内圆表示太阳，其中的既像青菜又像绵羊头的图案泛指自然界的动植物；外圆表示地球。整个图案采用绿色，象征着有机产品是真正无污染、符合健康要求的产品以及有机农业给人类带来了优美、清洁的生态环境。

2. 有机种植的基本要求

（1）生产基地在 3 年内未使用过农药、化肥等

图 5-10 中国有机产品
认证标识

违禁物质。

（2）有机食品种子或种苗来自自然界，未经基因工程技术改造。

（3）生产单位需建立长期的土地培肥、植保、作物轮作和畜禽养殖计划。

（4）生产基地无水土流失和其他环境问题。

（5）作物在收获、清洁、干燥、储存和运输过程中未受化学物质的污染。

（6）从常规种植向有机种植转换需2年以上转换期，新垦荒地除外。

（7）生产全过程必须有完整的记录档案。

（二）欧盟有机产品认证标识

图5-11　欧盟有机产品认证标识

1. 标识解读

欧盟有机认证是欧盟境内唯一强制性有机认证，2010年经过欧盟委员会投票推举选出，采用绿色背景，12颗星呈叶子形状代表着自然，而12颗星对应欧盟旗帜上的12颗星。

2. 有机种植的基本要求

根据有机农业条例规定，从2010年7月1日起，在欧盟任何成员国生产并符合有关标准的预包装有机产品必须具有该有机标志。

（1）只有食品的95%是有机的，才可以使用该标志。

（2）生产中严禁使用转基因生物及其产品。

（3）必须尊重自然的系统和循环。

图5-12　有机葡萄酒对环境更为友好

（三）法国有机产品认证标识

图 5-13 法国有机产品认证标识　　　　图 5-14 法国有机认证的葡萄酒

Agriculture Biologique 是针对食品和饮品的法国有机农业标章。产品必须含至少 95% 的有机成分，而且符合以下的标准，才能被称为有机食品。

有机种植的基本要求：

（1）种植作物的土地要实施轮作且休耕 3 年。

（2）土地和使用水源未受到重金属、放射性物质、致癌物等污染。

（3）只能使用相关机构允许的天然肥料、农药等，其他的化学肥料、农药、杀虫剂、除草剂、抗生素和类固醇都是不能使用的。

（4）非转基因。

（四）美国农业部 USDA 认证标识

图 5-15 美国农业部 USDA 认证标识　　　　图 5-16 USDA 有机认证的葡萄酒

美国农业部（United States Department of Agriculture，简称 USDA）的职能，可以用一句话来概括，那就是"从田间到餐桌"。USDA 有机认证是美国高级别的有机认证，从原材料到生产均严格把关，保证其产品没有任何危害人体的成分，100% 有益。作为美国农业部认证的有机食品 USDA 标志，产品必须为 100% 的有机成分才能使用它。

USDA 认证的有机种植的生产标准如下。

（1）在有机生产中禁止使用转基因物质、辐射和下水道淤泥。

（2）必须使用《国家允许使用的人造物质和禁止使用的天然物质清单》所规定的生产和加工材料。

（3）任何农场必须在过去 3 年中从未使用过被禁止的物质，才能被认证为有机生产农场。

以上是在全球葡萄酒生产国和消费国常见的一些有机认证标识。有机认证标识的使用，需要使用有机种植的葡萄并遵照相关有机认证标识对有机酿酒的规定。实际上，很多国家都有自己的有机认证机构，也都有着自己严苛的执行标准，本章就不一一介绍了。

 ## 第三节　生物动力法种植

生物动力法与有机种植有许多共同点，前者可以视为后者的延伸。不过在理念上，生物动力法将植物视为一个生命体，将植物与土壤视为一个整体，所以种植的重点在于强化植物本身的生命力，而不仅是外在看起来是否健康。

一、生物动力法种植的概念

生物动力种植法的理念源自 1924 年奥地利哲学家鲁道夫·斯坦纳（Rudolf Steiner）创立的生物动力学。他的本意在于修复土地功能，使土地重现活力，并更加倾向于突出不同层次生命体之间的关联。他将整个葡萄园视为一个完整的生态系统，土壤、葡萄以及其中所有的动植物，都是组成这个体系的有机体。也就是说，减少人力的介入——"我们只是大自然的酿酒助手"，其他的事儿都交给自然，从而增强葡萄园的自我防御能力。

生物动力学认为宇宙中所有的事物，包括月亮、行星和恒星等天体在内，都是相互联系、相互影响的，葡萄园内的生命体系也要遵循宇宙和自然的法则。在葡萄园内生物动力农耕能激活农场中的在地资源，将土地的潜力最大化发挥出来，出产最本真最优质的葡萄，然后最终在葡萄酒里将这些光芒展示出来。

二、酿酒葡萄生物动力法种植的关键技术

这里所说的技术，其实生物动力法不能被叫作一种技术，它强调的是一种理念。生物动力法的实践者相信，生物动力法能够恢复土壤的肥力，增加生物多样性，提升植物本身的抗病能力，并最终建立一个更加平衡稳定的生态系统。

如果植物染病了，那并不是植物本身的问题，而是环境，尤其是土壤出了问题。也就是说，生物动力法的处理方式更加全面，而非"头痛医头脚痛医脚"，这和我们的中医有很多相似之处。

（一）生物动力制剂

这是生物动力法种植里最重要的环节之一，可能在不了解的人看来好似巫术的药剂配方，不过这些试剂的使用真的对土壤和作物有着巨大的益处。

图 5-17 使用牛角和牛粪制作生物动力制剂

生物动力制剂的制备方法如下。

（1）将牛粪塞进牛角，在冬天埋入土里。春末再把牛角从土里挖出来，此时，牛角里面的微生物是普通肥料的70倍以上，配成溶液并喷洒在土壤上。旨在刺激土壤微生物并促进根系生长，每公顷葡萄园使用1~2个牛角里面的牛粪就足够了，与普通肥料混合使用可产生巨大肥力。

（2）将硅石磨成极细的石英粉，和水混合变成膏体，放在牛角里，夏天埋起来，晚秋时取出。取一点点溶于水制成溶液后喷洒在叶子上，可以促进光合作用和成熟。

（3）将母菊塞进牛肠子里，在阳光下晒干，在冬天埋起来。取出后将其添加到堆肥中，可以帮助稳定钙和氮元素。

（4）将狗尾草煮水后，与波尔多液和硫黄混合使用，在月圆时喷在葡萄或土壤上，可以有助于抵抗真菌感染。

这些采用牛粪、牛角、母菊、狗尾草等天然材料制成的特殊堆肥，到了特定的时间被施加于田地中，用于增加土壤有机质的含量、刺激土壤中微生物的活动、调节 pH 值、溶解矿物质以及增强植物免疫力。

（二）生物动力日历

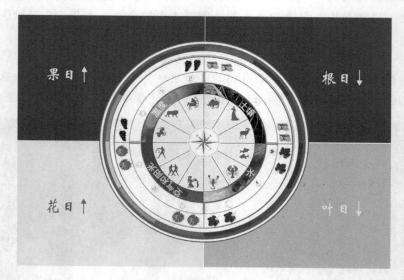

图 5-18　生物动力日历

其实在中国，很早以前就有一份比生物动力法更为细致全面的农耕历法，就是"农历"和"二十四节气"，生物动力日历是和我国传统的农耕历法有着极其相似的理论的日历，上面指出了栽培、剪枝、收获等农业活动的最佳日期。生物动力日历中提出，根茎植物如果在月亮经过土象星座时播种最好；叶子植物在月亮与水相星座关联时播种最好；有花的植物则与风相星座比较契合；水果则是配合火象星座。

三、生物动力法认证标识

相较于可持续和有机认证而言，生物动力法认证是最难获得通过的。生物动力法注重环境生态的保护，种植过程相对比较复杂，而真正懂得并付诸实践的少之又少。

图5-19　德米特（Demeter International）生物动力农业认证机构标识

德米特（Demeter International）生物动力农业认证机构成立于1928年，是全球最大的生物动力农业认证机构，该机构重点强调生物多样性和生态系统保护、土壤养殖、牲畜整合、禁止转基因生物等原则，并将农场视为一个有生命的"整体有机体"。德米特现在在全世界超过50个国家为生物动力产品的生产和加工是否符合标准做检验、监督和认证，但是每个国家分部的要求其实不是完全相同的。

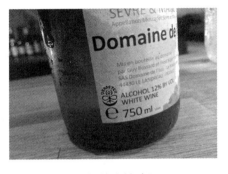

图5-20　经德米特（Demeter International）生物动力农业认证的葡萄酒

生物动力法种植的生产要求如下。

（1）在认证的生物动力葡萄园中必须每年使用"牛角粪"和"牛角石英粉"试剂，其他试剂可以在堆肥时使用。

（2）禁止使用转基因生物和化学合成物质，但波尔多液等铜制剂和少量的硫是被允许使用的。

（3）葡萄园管理者的最佳方案是自己制作生物动力法试剂，但是这一点不强制，可以从外面购买使用。

（4）生物动力法认证要求整个葡萄园要全部采用生物动力法进行耕种，不可以有平行种植，并且至少要空留出10%的土地作为动物的自然栖息地。

生物动力法是目前争议比较大的一种农耕之法，但是无论我们将生物动力法视作一种哲学、农业配方还是无稽之谈的巫术，至少有一点是毋庸置疑的，那就是它对整个自然环境是有益处的。

🖋️ 思考与练习

1. 有机葡萄种植的生产系统包括哪些方面？

2. 简述可持续种植、有机种植和生物动力法种植有哪些相同点和差异。

3. 在中国的宁夏贺兰山东麓产区和法国的波尔多产区使用有机种植模式管理葡萄园，哪里更容易实现？请说明理由。

酿
造
篇

第六章
葡萄酒酿造的一般流程

本章导读

  本章介绍了葡萄酒酿造的一些通用流程，包括葡萄采收、挑选、除梗与破碎、原料的测定与调整、浸渍、酒精发酵、苹果酸乳酸发酵、陈酿、后处理和灌装等，对每个流程的作用及关键控制点进行介绍，以便为之后的章节学习打下基础。本章是本书的一个基础章节，通过本章学习，旨在使学生系统掌握葡萄酒酿造通用流程的基本原理和技能，培养学生能够理解不同工艺葡萄酒生产全过程的能力。

思维导图

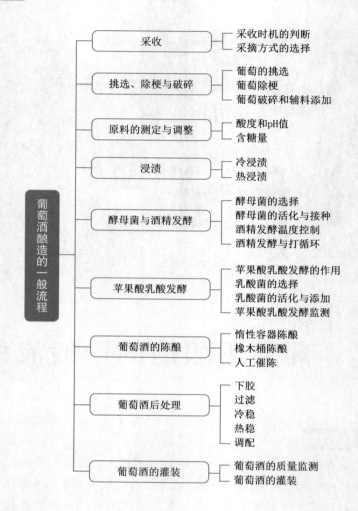

葡萄酒酿造的一般流程

- 采收
  - 采收时机的判断
  - 采摘方式的选择
- 挑选、除梗与破碎
  - 葡萄的挑选
  - 葡萄除梗
  - 葡萄破碎和辅料添加
- 原料的测定与调整
  - 酸度和pH值
  - 含糖量
- 浸渍
  - 冷浸渍
  - 热浸渍
- 酵母菌与酒精发酵
  - 酵母菌的选择
  - 酵母菌的活化与接种
  - 酒精发酵温度控制
  - 酒精发酵与打循环
- 苹果酸乳酸发酵
  - 苹果酸乳酸发酵的作用
  - 乳酸菌的选择
  - 乳酸菌的活化与添加
  - 苹果酸乳酸发酵监测
- 葡萄酒的陈酿
  - 惰性容器陈酿
  - 橡木桶陈酿
  - 人工催陈
- 葡萄酒后处理
  - 下胶
  - 过滤
  - 冷稳
  - 热稳
  - 调配
- 葡萄酒的灌装
  - 葡萄酒的质量监测
  - 葡萄酒的灌装

学习目标

1. 掌握酿酒葡萄采收时机的判断标准；

2. 掌握酵母菌的活化接种步骤；

3. 学会使用纸层析法检测苹果酸乳酸发酵的进程；

4. 能熟练准确地说出每种类型的葡萄酒所涉及的通用葡萄酒酿造流程。

第一节 采收

酿酒葡萄的采收与葡萄酒的品质息息相关，它决定着葡萄酒的潜质和葡萄酒生产工艺的具体选择，是葡萄酒产业发展的基石。酿酒葡萄的采收主要涉及采收时机的判断和采收方式的选择。

一、采收时机的判断

葡萄采摘时机的选择对葡萄酒的质量具有重要影响，葡萄采收时间的确定受天气状况、葡萄的成熟程度等因素的影响。其中，成熟程度决定着果实的成分组成，因为在成熟过程中，果实中的各种成分（糖、酸等）随时在变化，所以在不同的成熟程度采收对葡萄酒的品质具有重要影响。具体成熟度的要求还取决于酿酒目标，例如酿造起泡葡萄酒的原料就应避免原料过熟，并要求有较高的含酸量，而陈酿型葡萄酒就需要较高的成熟度。目前常用的采收依据有成熟系数判断、酚类物质成熟度判断、品尝判断。

（一）成熟系数

成熟系数就是糖与酸的比值。一般用 M 表示成熟系数，S 表示含糖量（g/L），A 表示含酸量（g/L），M=S/A。

临近成熟，成熟系数逐渐增加，这主要是由于含糖量的增加及含酸量的降低引起的。通常情况下，酿造优质葡萄酒的 M 值需控制在 20~40。

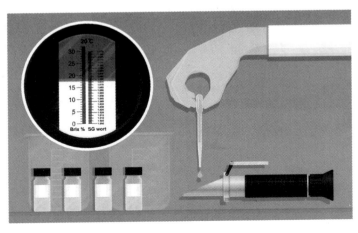

图 6-1　使用折光仪测定葡萄糖度

另外，含酸量和 pH 值对发酵过程中微生物代谢及葡萄酒的颜色、风味具有重要影响。葡萄滴定酸的范围一般在 6~10g/L，尤其是白色品种，维持足够的含酸量是非常重要的。pH 值通常与滴定酸成反比，但是，如果葡萄中的金属离子（尤其是钾）含量较高，则 pH 值会出现偏高的现象，在一些特殊的产区（如新疆昌吉产区）经常出现上述问题。

（二）酚类物质成熟度

对于酿造红葡萄酒来说，酚类物质成熟度尤为重要。随着葡萄的成熟，果皮中的单宁和色素含量逐渐会达到峰值，果皮中的单宁及色素通常是葡萄酒中优质单宁和颜色的主要来源；种子中的单宁（往往给葡萄酒带来苦涩感）在成熟过程中逐渐减低。当果皮中的单宁和色素含量最高，而种子中的单宁含量较低时，我们认为该葡萄园的葡萄达到了最佳多酚成熟度。

（三）品尝

果实的香气、颜色、糖酸及单宁质量是葡萄成熟度的重要反映，这些指标可以通过酿酒师和种植师的观察和品尝获得。

品尝步骤如下：

（1）外观观察：如果果皮颜色较深，着色均匀，用手触摸，果皮较软则成熟度较好。

（2）果肉品尝：糖酸平衡，果香味浓，带有些许果酱味，则成熟度较好。

（3）果皮品尝：有果香味，果酱味浓，品尝后将咀嚼后的果皮放于掌心，用手指按压，颜色较深，单宁细腻，则成熟度较好。

（4）种子：颜色呈深褐色，易脱落，则成熟度较好。

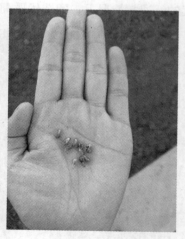

图 6-2　成熟度良好（左）和成熟度欠佳（右）的酿酒葡萄种子

图 6-3　果皮品尝和种子观察

二、采摘方式的选择

在葡萄采收前要根据施用农药的有效期及时停用农药，避免灌水，以免降低果实品质，影响采收机械的运行，并及时修剪掉病果及霉烂果。采摘方式分为手工采收和机械采收两种。

（一）手工采收

手工采收需要大量劳动力，采收成本较高，通常在机械化水平不高或劳动力成本较低的地区采用手工采收的方式。另外，手工采收对葡萄果实及树体伤害较小，葡萄相对完整，对保证酿造葡萄品质而言非常重要，因此，酿造优质葡萄酒，通常需要进行手工采收。

对于一些树龄较小或高位嫁接的葡萄树，机械采收通常会给树体带来伤害，一般采用手工采收。对于一些特殊的葡萄树形（如杯状树形），必须使用人工采收。当葡萄园的行间距无法满足采收机械的进入时需采用人工采收的方式。

（二）机械采收

机械采收首先要求葡萄园有足够的空间（行距超过采收车宽度），以保障机械的运行与转向。机械采收的最大特点是速度快、节省劳动成本，但也会产生一定的产量损失（约 2%~10%）。

品种特性对机械采收效果也有一定的影响，如果梗、果粒特性。理想的品种是果粒坚韧、易脱落，果梗有韧性。果皮薄脆的品种（如赛美蓉）在机械采收的过程中容易破粒，会有果汁流失，且导致氧化；果梗韧性差时，会有果梗带入到原料中，给葡萄酒带来劣质单宁，不适合进行机械采收。多数葡萄品种都能进行机械采收。

机械采收的葡萄通常都有不同程度的破损，一般葡萄酒生产企业会在葡萄接收车上提前撒一些焦亚硫酸钾，减少葡萄的氧化、抑制微生物的繁殖；另外机械采收后的葡萄应尽快送到葡萄酒生产基地，第一时间加工。

图6-4　手工采收

图6-5　机械采收

第二节　挑选、除梗与破碎

一、葡萄的挑选

（一）穗选

穗选一般针对人工采收的葡萄，尽管在采收之前会修剪掉病果及霉烂果，但还会存在一些影响葡萄酒品质的葡萄，因此需要进行人工穗选，穗选时还会去除一些二次果，这些果实通常成熟度不足。

穗选一般在传送带上进行，人们站在传送带的两边进行挑选，葡萄应平铺在传送带上，不可堆积，以防止果实破碎。传送带的速度可根据传送带上葡萄的数量、穗选人员数量及葡萄质量进行调整。

（二）粒选

葡萄除梗后，如对酿造原料的质量要求较高，需要进行粒选，这也是酿造优质葡萄酒的一个重要环节。粒选主要是为了去除残留的叶片、未成熟的（生青的及粉红的）、霉变的、尺寸较小的及其他不符合标准的果粒。

目前，针对粒选已开发出光学粒选系统，可通过光学图像识别对比，自动剔除不符合参数的葡萄及杂物。目前，宁夏张裕摩塞尔十五世酒庄已经引进了光学粒选系统。

图6-6 穗选（左）、粒选（右）

二、葡萄除梗

除梗是将葡萄浆果与果梗分开并将果梗除去。除梗一般在破碎前进行，且通常与破碎在同一个除梗破碎机中进行。需进行粒选的原料，除梗机和破碎机是分开的，除梗并粒选结束的葡萄再进入破碎机进行单独破碎。

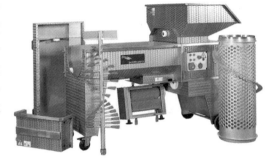

图6-7 除梗破碎机

葡萄果梗占总重量的3%~6%，但体积却占总体积的30%，去除果梗可有效减少发酵体积，提高发酵容器的利用率。葡萄果梗的溶解物还会给葡萄酒带来明显的生青味及不愉悦的涩感，去除果梗可明显改善葡萄酒的味感。果梗中含水但不含糖，且果梗会吸收一部分酒精，因此，与带梗发酵相比，除梗发酵将提高发酵结束后葡萄酒的最终酒精度。葡萄果梗可固定色素，除梗发酵有利于提高葡萄酒的色度。

尽管通常的酿造工艺会在发酵前将果梗去除，但也存在带果梗酿造的特殊工艺。如成熟度较好的歌海娜，在发酵过程中可保留部分果梗，这种发酵方式充分利用了成熟的果梗，可以获得植物的芬芳，但这种发酵方式可能给葡萄酒带来生青味，同时葡萄果梗中钾离子含量较高，可能会导致葡萄酒酸度偏低。所以这种发酵方式仅适用于完全成熟的黑比诺及歌海娜，同时要控制好果梗的比例。

三、葡萄破碎和辅料添加

除梗后的葡萄浆果需立即进行破碎。在采摘至破碎的这一段时间，一些浆果会不可避免地破损，破损后的浆果非常容易氧化褐变或受到微生物的污染。目前常用的破碎机有对辊式破碎机及离心式破碎机。

1. 对辊式破碎机

通常除梗后的果实经过对辊式破碎机进行破碎，浆果会在以相反方向旋转的滚压机之间被破碎。滚压机之间的空隙可根据浆果的大小进行调整。这主要是为了避免种子的破碎，因为，葡萄籽中单宁及油脂含量较高，破碎后的葡萄籽会导致葡萄酒中劣质单宁和油脂含量过高，从而导致葡萄酒品质的下降。

图6-8　对辊式破碎机

2. 离心式破碎机

利用离心力也可以完成葡萄果实的破碎。除梗后的葡萄果粒在离心力的作用下被甩向离心机的侧面，在离心力的作用下葡萄浆果被破碎。但如果离心力控制不当，则会将浆果变为果泥，导致果汁澄清困难，并且葡萄籽也有可能会被破坏，从而将葡萄籽中的劣质单宁等带入葡萄酒，降低葡萄酒的品质。

图6-9　离心式破碎机　　　　　图6-10　离心式破碎机的内部构造

尽管通常会利用破碎的葡萄进行葡萄酒的酿造，但也存在利用完整葡萄果实进行酿造的特殊工艺。在二氧化碳浸渍发酵工艺中，在发酵开始阶段会保持大部分果实不被破碎，这些保存完整的葡萄会在充满二氧化碳的环境中进行葡萄内部的发酵，随后经过压榨，在酵母菌的作用下完成酒精发酵。二氧化碳浸渍发酵工艺会在第七章进行详细介绍。

二氧化硫的添加：通常在破碎的同时添加二氧化硫（50~100mg/L）。二氧化硫可抑制各种微生物的活动，不同的微生物对二氧化硫的抵抗能力不同，其中细菌对二氧化硫最为敏感，而酿酒酵母抗二氧化硫的能力较强。因此，适当添加二氧化硫可以抑制细菌等污染微生物的生长，并帮助酿酒酵母成为发酵优势菌种，确保酒精发酵顺利完成。在企业中二氧化硫通常以焦亚硫酸钾的形式添加。

对于霉烂果较多的原料，污染微生物及氧化酶含量较多，这些污染微生物的副产物会降低二氧化硫对微生物的抑制作用、氧化酶会加速酚类物质的氧化（二氧化硫可抑制酚类氧化），因此，对于霉烂果较多的原料需适当提高二氧化硫的添加量。除此之外，添加二氧化硫还有澄清、增酸及促进果皮上某些成分溶解的作用。但是，二氧化硫也会漂白花色苷，与花色苷结合形成无色化合物，影响稳定的花色苷和单宁复合物的形成，因此，要控制二氧化硫的添加上限。

果胶酶的添加：葡萄果实中含有大量的芳香物质、色素、单宁以及其他多酚类物质，这些成分绝大多数都存在于葡萄皮的细胞中，并被细胞壁紧紧地包裹起来。添加果胶酶（通常添加量为20~40mg/L）可促进芳香物质、色素及单宁等物质的溶出。因为葡萄浆果的细胞壁成分不仅仅是果胶，还含有其他物质，所以商业果胶酶多为复合果胶酶，包括果胶裂解酶、果胶酯酶和聚半乳糖醛酸酯酶等。果胶裂解酶将果胶的长链裂解成短链，果胶酯酶和聚半乳糖醛酸酯酶则负责将短链的果胶分子变成更小的短链分子。另外，果胶酶还可以提高出汁率，并加速葡萄汁的澄清。果胶酶本质为蛋白质，添加时要避免与二氧化硫、单宁等同时加入，以免影响果胶酶的活性。

葡萄前
处理视频

图6-11 葡萄酒酿造过程中二氧化硫及果胶酶的添加

第三节 原料的测定与调整

原料经破碎、添加二氧化硫及果胶酶后，通过果浆泵泵送至发酵罐。满罐后（干红≤80%）进行一次均质循环，使添加的辅料与果浆混合均匀。随后进行取样检测葡萄汁的含糖量、总酸含量及 pH 值，以便根据检测结果及所需酿造的葡萄酒类型进行理化指标的调整。

一、酸度和 pH 值

在低 pH 值下发酵，可以抑制腐败微生物的生长，且有助于在发酵过程中形成较好的风味。在大部分葡萄酒中，总酸的适合范围通常在 5.5~8.5g/L。白葡萄酒的 pH 值通常在 3.1~3.4，红葡萄酒的 pH 值通常在 3.3~3.6。果汁中的 pH 值通常稍低于葡萄酒，这是由于发酵过程中酒石酸结晶的析出。另外，低 pH 值对发酵结束后葡萄酒颜色稳定及陈酿过程中的生物稳定性发挥着重要的作用。当葡萄汁的总酸含量低于 4g/L 或 pH 值大于 3.6 时，可通过向葡萄汁中调入 1g/L 的酒石酸来进行增酸。

二、含糖量

一般在满罐后需要利用精准的化学分析来检测葡萄汁的含糖量，根据检测值及产品所需的酒精度适量添加外源糖。添加外源糖主要是针对成熟度不足的原料，理论上讲，17g 糖通常可以转化为 10g 乙醇，但发酵副产物的生成也会影响酒精的生成，因此，当果汁含糖量不足以达到产品所需酒精度时，加糖量需要稍大于理论值。

加糖的节点通常在发酵开始后的 2~4 天，此时酵母通常处在指数生长期末端。在这一时期，酵母的增殖已经基本结束，加糖不会中断发酵，二糖会快速地转化为等量的葡萄糖和果糖，并迅速被酵母利用。加糖除了可以增加酒精的含量，也会增加某些副产物含量，如甘油、琥珀酸和 2，3- 丁二醇。

针对成熟度不好的原料，现已经研发了多种不加糖的技术用于改良，如反渗透技术。除了增加果汁的含糖量，反渗透能够浓缩果汁中的水果风味。其运行机理在于迫使果汁中的水穿过一层薄膜流出，而将大部分糖和风味化合物保留下来。但是某些重要的品种香气物质也会穿过薄膜，导致香气物质的损失。

第四节 浸渍

　　在浸渍的过程中，会将果皮中的多酚、风味物质等浸提出。影响从果皮中浸提物质的主要物理因素是温度和浸渍时间，浸提通常与这两个因素呈线性关系。在相同温度下，随着浸渍时间的延长，单萜、氨基酸、多酚类物质的含量增加。虽然干白葡萄酒的发酵为纯汁发酵，但缺乏浸渍环节，也会因为过于澄清的葡萄汁中营养物质的缺乏，影响酒精发酵的顺利进行，并影响果皮中风味物质的提取。

　　但是，在浸渍过程中由于钾离子的释放，会导致酒石酸盐沉淀的生成，进而降低总酸的含量，另外，随着浸渍时间的延长，还会增加白葡萄酒中酚类物质的含量，给白葡萄酒带来收敛感，因此，浸渍过程中要定期进行果汁观察及品尝，控制合理的浸渍时间。

一、冷浸渍

　　为了将存在于果皮中的风味物质、营养物质浸提出来，就必须在控制条件下，对葡萄果皮进行浸渍，同时防止产生影响葡萄酒感官质量的其他不良反应。冷浸渍工艺可以提高葡萄酒的质量，特别是可以使一些白葡萄酒更具有品种独特的风格。

　　通常将破碎后的原料温度降到10℃以下，以防止氧化酶的活动，然后在5℃浸渍。浸渍时间的长短，根据原料的不同及所酿酒款的特点进行选择。在低温条件下，果皮中的芳香物质进入葡萄酒，另外，由于浸渍带来的含氮物质等的溶入，浸渍后果汁的发酵性能要优于未经浸渍的果汁。在红葡萄酒的酿造过程中，冷浸渍可以促进花色苷的浸提，经冷浸渍发酵的红葡萄酒，颜色更深，且风味物质也会变得更加复杂。

　　冷浸渍的一个缺点是会增加污染微生物早期感染的风险。针对这个问题，可在冷浸渍过程中加入占总酵母添加量约四分之一的酿酒酵母，以期在冷浸渍期间让酿酒酵母成为优势菌群，抑制其他杂菌的繁殖。在冷浸渍期间定期去观察液面上端，如出现异味，如指甲油的味道，则需立即进行果汁回温，并添加酵母进行发酵。

二、热浸渍

热浸渍酿造法是在酒精发酵前将完整或破碎的红葡萄原料加热到 50~80℃ 浸渍，浸渍时间与温度呈反比。

高温会杀死葡萄的表皮细胞，随后花色苷会迅速释放到果汁中，从而极大地增加花色苷的浸提。随着温度的升高，漆酶的活性会增加，但当温度高于60℃时，漆酶的活性就会被钝化，因此，热浸渍特别适合处理被霉菌感染的葡萄。但高温处理会损害葡萄浆果的品种香气，为最大限度地保留葡萄的品种香气，对于未被霉菌感染的葡萄（漆酶含量较低），可将热浸渍温度降至 50℃。

热浸渍不会促进单宁的浸提，因此，这种工艺不能用于陈酿型葡萄酒的生产，通常用于生产新鲜型葡萄酒。

第五节　酵母菌与酒精发酵

一、酵母菌的选择

葡萄酒酿造过程的本质就是微生物作用的过程，其中酵母菌是参与葡萄酒酿造过程最重要的微生物，影响着葡萄酒的发酵速度和产品风味。想要获得优质的葡萄酒，酿酒酵母的选择至关重要。一款优良的葡萄酿酒酵母应具备起酵快、耐高酒精度、高二氧化硫、高糖、高温、低温，发酵彻底等特性。

葡萄酒的风味是葡萄酒的重要品质指标，这些风味物质分别来自于葡萄果实的品种香气、发酵过程中产生的发酵香气，以及陈酿过程中产生的陈酿香气。酵母菌将葡萄汁中的糖转化为酒精和二氧化碳，同时生成甘油、高级醇、醛、酯类等代谢产物，直接影响了葡萄酒的发酵香气，对葡萄酒特色的形成起着决定性的作用。

非酿酒酵母具有独特的代谢通路和较强的酶活性，可以在降低酒精生成的同时增加甘油、萜烯和酯类含量，释放甘露糖蛋白或多糖改善口感，增强颜色稳定性。近年来非酿酒酵母的风味改善作用越来越受到重视，在酿酒过程中可以利用非酿酒酵母来改善葡萄酒的风味物质组成，如增加甘油、总酸、挥发性酯类含量，降低乙酸含量，进而改善酒的整体品质。添加非酿酒酵母并不要求其持续存在于发酵过程中，可以只利用其在发酵前期的一些功能，如水解芳香化合物前体，合成酯类、醇类、甘油等风味物质，后期发酵可任其自然消亡，再由酿酒酵母主导完成发酵。

二、酵母菌的活化与接种

1. 酵母添加量

在实际生产中通常使用活性干酵母，添加量通常为 0.1~0.2g/L（包含冷浸渍过程中添加的酵母）的葡萄汁。

2. 酵母添加节点

酿酒酵母的添加时间通常在入料结束循环均匀，静置 12 小时后加入，或冷浸渍结束，果汁回温后。

3. 酵母活化及添加方法

在清洁的不锈钢容器中加入 35~38℃ 的 10 倍于酵母用量的软化水，将酵母打开包装缓慢撒入，轻轻搅拌均匀后静置进行活化，活化时间为 25~30 分钟；在活化好的酵母液中缓慢加入一定量葡萄汁，使其温度缓慢降温至与罐内葡萄醪温度相近，温差不得超过 10℃，整个过程应控制在 15~20 分钟；将降温后的酵母母液用清洁的泵泵入到欲接种处理的葡萄汁中；将接种后的葡萄汁用封闭式循环方式进行循环，循环量至少为罐容的二分之一。

三、酒精发酵温度控制

温度是影响酒精发酵的重要因素之一，酵母细胞的生长速率受发酵温度的影响极大。在 20~30℃ 的温度范围内，每升高 1℃，发酵速度就可提高 10%。但是，发酵速度越快，酵母菌的疲劳现象出现较早，高温也会破坏酶和膜的功能，从而诱导发酵停滞。

1. 白葡萄酒的发酵温度

通常进行白葡萄酒发酵的优选温度在 15~25℃，大部分新世界的酿酒师更喜欢较低的发酵温度，因为低温发酵可以产生清新的果香。这与某些酯类物质的生成有关，如乙酸异戊酯、乙酸异丁酯和乙酸己酯，这些酯可以在低温下合成并保留。在低温发酵中也产生更多的乙醇和高级醇。此外，低温发酵也会减少酵母胶体的释放，因而可以促进后期葡萄酒的澄清。

2. 红葡萄酒的发酵温度

红葡萄酒的发酵温度通常比白葡萄酒要高。温度通常控制在 24~28℃，较高的发酵温度会促进花色苷和单宁的萃取。温度和乙醇是影响从葡萄籽和果皮中萃取色素和单宁的主要因素，并与这两个因素呈正相关。另外，较高的发酵温度也会促进甘油的合成，使红葡萄酒的口感更加柔顺。

3.发酵温度的控制

在发酵过程中，葡萄糖中化学能的释放会造成发酵液温度快速上升。对于白葡萄酒及桃红葡萄酒而言，发酵过程中二氧化碳的释放可以保持整个罐内温度相对均一。对于红葡萄酒，皮渣帽的形成可能会破坏发酵罐内葡萄汁的混合。皮渣帽与下部液体的最大温差通常可以达到大约10℃，压帽只能产生皮渣帽和果汁间短暂的温度平衡。为了避免发酵罐温度过高，并保持发酵罐内各部位温度相对均一，红葡萄酒生产中的泵循环是一种有效的温度调节方法。另外，用水或通过在绝缘夹套内流动的冷媒来冷却发酵罐表面是非常有效的降温方法。

四、酒精发酵与打循环

酵母菌繁殖需要氧气，在进行酒精发酵以前，对葡萄的处理（破碎、除梗、泵送等）过程中溶解了部分氧气，这些氧气保证了酵母繁殖初期对氧气的需要。在生产中常用循环的方式来增加发酵液中氧气的含量，并使发酵罐内各部位混合均匀，且温度相对一致。循环（倒罐）就是将发酵罐底部的葡萄汁泵送至发酵罐上部。根据倒罐的目的不同，循环可以是封闭式的，也可以是开放式的。

1.封闭式循环

封闭式循环的目的主要是使基质混合均匀，防止皮渣干燥，促进液相和固相之间的物质交换，在封闭式倒罐过程中外部空气不会进入发酵罐。

2.开放式循环

开放式循环首先将葡萄汁从罐底的出酒口放入中间容器中（这个过程中可让发酵液充分吸氧），然后再泵送至罐顶。开放式循环除了具备封闭式循环的作用外，还可使发酵基质通风，有利于酵母菌的活动及发酵过程中所产生的异味的挥发。

在白葡萄酒的发酵过程中，酿酒师为了避免氧化，会尽量减少葡萄汁循环的次数。但氧的缺乏会增加硫化氢的积累，通常酿酒师会在发酵开始后进行短暂的循环通气。发酵结束后就需要严格避免白葡萄酒与氧气的接触。

在红葡萄酒的发酵过程中，循环则显得尤为重要。通过循环可以增加发酵液中的氧气含量，加速发酵的进程，另外还会促进液相和固相之间的物质交换（特别是花色苷和单宁的浸提）。随着发酵的进行，酒精度不断增加，其对酚类物质的浸提效率也在增加，因此在发酵过程中要随时测定葡萄酒的发酵进程，并适当地调节循环的方式及时间。

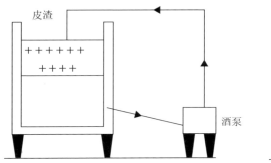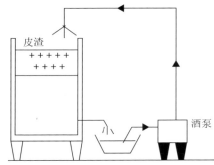

图 6-12　封闭式循环（左）、开放式循环（右）

（图片来源：李华.酿造酒工艺学［M］.中国农业出版社，2011.）

图 6-13　葡萄酒酿造过程中的开放式循环

　　表 6-1 为某葡萄酒企业的红葡萄酒酿造过程中的循环频率，各发酵点酿酒师可以根据每天的品尝结果、温度及比重指标等，适当调整循环频次。

表 6-1　葡萄酒酿造过程中的循环方式

发酵阶段	控温	循环	备注
冷浸渍	5~10℃	封闭循环；1 罐容 / 天	定期观察罐顶，避免污染微生物感染
发酵初期（比重 > 1.100）	25~26℃	封闭循环；每天 2 次每次 1/2 罐容	

续表

发酵阶段	控温	循环	备注
发酵旺盛期 （1.020＜比重＜1.100）	26~28℃	开放式循环；每天 3 次 每次 1 罐容	
发酵中后期 （1.000＜比重＜1.020）	26~28℃	封闭循环；每天 2 次 每次 1/2 罐容	如发酵缓慢可添加发酵助剂
发酵末期 （0.992＜比重＜1.000）	26~28℃	封闭循环；每天 1 次 每次 1/3 罐容	当酒中出现异味时，可采取开放式 循环，或在循环时添加少量硫酸铜

图 6-14　发酵过程中葡萄酒的颜色变化

封闭式循环视频　　　　开放式循环视频　　　　酵母活化视频

 第六节　苹果酸乳酸发酵

一、苹果酸乳酸发酵的作用

（一）降酸作用

苹果酸乳酸发酵是乳酸菌将 L- 苹果酸转化为 L- 乳酸和 CO_2 的过程。当葡萄酒的总酸尤其是苹果酸的含量较高时，苹果酸乳酸发酵是有效的降酸方法。经过苹果酸乳酸发酵，葡萄酒中尖涩的苹果酸（二元酸）转化为柔和的乳酸（一元酸），从而使葡萄酒的酸涩感降低，进而增加红葡萄酒的柔顺度和可饮用性。

（二）增加细菌学稳定性

苹果酸和酒石酸是葡萄酒中两大固定酸，与酒石酸相比，苹果酸为生理代谢活跃物质，容易被微生物分解利用。经过苹果酸乳酸发酵可使苹果酸分解，剩余对微生物更稳定的酒石酸和乳酸，此外，苹果酸乳酸发酵还可减少葡萄酒中残留的氨基酸等微生物生长所必需的营养元素。因此，经过苹果酸乳酸发酵后，葡萄酒的细菌学稳定性增加，避免了葡萄酒装瓶后的再发酵。

（三）风味修饰

苹果酸乳酸发酵的另一个重要作用就是对葡萄酒风味的影响。乳酸菌的代谢活动还会改变葡萄酒中醛类、酯类、有机酸等成分的含量及种类。这些物质的含量如果在阈值内，可修饰葡萄酒的风味，并增加葡萄酒风味的复杂性。如苹果酸乳酸发酵过程中生成的双乙酰，就会给葡萄酒带来类似奶油的味道。

通常苹果酸乳酸发酵多在红葡萄酒中进行，但现在也逐步被应用到白葡萄酒中，因为它能够降低白葡萄酒中不愉悦的生青味，但可能会导致部分果香的损失。一些酒企会将部分白葡萄酒进行苹果酸乳酸发酵，之后再和未进行苹果酸乳酸发酵的葡萄酒进行混合，以避免过多果香的损失。由于苹果酸乳酸发酵会降低葡萄酒的总酸含量，对于总酸较低的葡萄酒来说，我们可以在苹果酸乳酸发酵启动前添加酒石酸。通常情况下，芳香型白葡萄酒，以及以果味为主导的轻酒体红葡萄酒，需要避免苹果酸乳酸发酵，因为经过苹果酸乳酸发酵后，这类葡萄酒就会丧失其清爽的高酸度及新鲜充沛的果香。

二、乳酸菌的选择

乳酸菌是一类能利用可发酵碳水化合物产生大量乳酸的细菌的统称。根据发酵产物的不同，乳酸菌存在同型乳酸发酵和异型乳酸发酵两种发酵机制。同型乳酸发酵的产物仅为乳酸，而异型乳酸发酵的产物为乳酸、乙醇和二氧化碳。引起葡萄酒苹果酸乳酸发酵的乳酸菌是进行异型发酵的酒球菌，引起腐败的种类通常是乳杆菌属和片球菌属的成员。

葡萄酒企业的设备（除梗破碎机、压榨机、发酵罐等）上可能栖息着大量的乳酸菌，这些乳酸菌在合适的条件下足以诱发苹果酸乳酸发酵。现在很多酿酒师也会选择商业化的乳酸菌进行苹果酸乳酸发酵。

三、乳酸菌的活化与添加

如选用商业化的乳酸菌，在接种至葡萄酒前，通常需要对乳酸菌进行活化和繁殖。将未添加二氧化硫的果汁与水等体积混合，随即将 pH 值调节至 3.6。再将商业乳酸菌接种至上述果汁中进行活化约 24 小时。

一旦苹果酸乳酸发酵在一个批次的葡萄酒中出现了，就可使用它接种其他批次的葡萄酒。接种前葡萄酒中总二氧化硫含量要低于 60mg/L（乳酸菌对二氧化硫比较敏感），发酵过程中需将温度控制在 18~20℃，温度过高会促进其他细菌的繁殖，抑制乳酸菌的繁殖，产生过量的挥发酸，温度较低时苹果酸乳酸发酵的时间较长或被抑制。另外，苹果酸乳酸发酵的 pH 值通常在 3.2~3.5，pH 值不同，其分解底物和产物也不同，pH 值较高时会产生较多的挥发酸，而 pH 值较低时则会产生过量的双乙酰。

四、苹果酸乳酸发酵监测

在苹果酸乳酸发酵过程中，只形成一种乳酸即 L- 乳酸；而当乳酸菌分解其他葡萄酒成分时，都会同时形成 L 和 D 两种乳酸，并导致挥发酸含量的增加，虽然在酒精发酵过程中也会生成乳酸，特别是 D- 乳酸，但含量相对较少（一般为 20mg/L）。所以，葡萄酒中 D- 乳酸的含量就可作为控制乳酸菌代谢的重要指标。D- 乳酸含量过高，表明乳酸菌开始分解苹果酸以外的其他葡萄酒成分，苹果酸乳酸发酵已经结束。

苹果酸乳酸发酵还可以通过简单的纸层析法进行检验，根据各种有机酸在展开剂中的移动速度不同，可以将它们分开。乳酸和琥珀酸移动的速度最快，会出现在层析纸的最上端；苹果酸的移动速度次之，在层析纸的中间；酒石酸的移动速度最慢，在层析纸的最底端。当发现层析纸中苹果酸对应的位置无黄色斑点时则认为苹果酸乳酸发酵结束。

苹果酸乳酸发酵的结束并不会导致乳酸菌数量的下降，并会在适宜的条件下继续发酵葡萄酒的其他

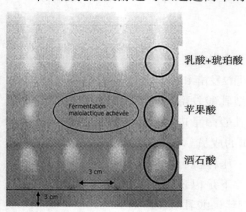

乳酸+琥珀酸

苹果酸

酒石酸

图 6-15　纸层析法检测苹果酸乳酸发酵

成分，从而引发乳酸菌病害。因此，当苹果酸乳酸发酵结束后，应立即进行葡萄酒的分离，同时加入二氧化硫（50~80mg/L）以杀死乳酸菌。

 ## 第七节　葡萄酒的陈酿

发酵结束后的葡萄原酒，酒体粗糙、酸涩，需经过一定的储藏期，进行氧化还原、酯化、聚合等反应，以达到最佳饮用质量，该质量变化过程称为葡萄酒的陈酿。陈酿是葡萄酒的成熟过程，是陈酿型葡萄酒生产中一个必不可少的环节。葡萄酒的陈酿有多种形式，常见的有惰性容器陈酿（在不锈钢罐、桶中进行陈酿）和在橡木桶中进行的陈酿。

一、惰性容器陈酿

在惰性容器陈酿的成本较低，在企业中通常用非保温的不锈钢罐（桶）进行陈酿，另外，发酵结束后，发酵罐也可用于葡萄酒的陈酿。不锈钢罐有较强的耐腐蚀性，便于清洁，且密闭性好，可有效地防止外界环境中氧气的进入，另外，不锈钢罐（桶）陈酿可以很好地保留葡萄酒的品种香气。

随着新技术的发展，同时为加快周转速度，提高企业的经济效益，在不锈钢罐（桶）内添加橡木片、橡木块陈酿葡萄酒，既能使葡萄酒获得橡木风味，又能降低陈酿成本，是比较经济、有效的方法。

图6-16　用于陈酿葡萄酒的不锈钢桶的内部构造（左）、陈酿用的橡木片（右）

二、橡木桶陈酿

橡木本身含有木质素、糖类、丁子香酚、纤维素、橡木内脂、多酚化合物及芳香酸等成分。橡木中的多种成分可与酒中的组分发生反应，使香气更复杂，口感更柔顺、醇厚。

橡木桶陈酿过程的主要变化有以下四种。

（1）澄清：陈酿过程中，酒中的杂质自然沉淀，可以通过倒桶将杂质去除，使葡萄酒逐渐澄清。

图 6-17　酒窖中的橡木桶

（2）影响稳定性及口感：随着陈酿时间延长和温度的变化，酒石酸盐开始析出，酵母自溶释放酵母多糖（主要为葡聚糖和甘露糖蛋白）。甘露糖蛋白可有效地抑制酒石酸盐沉淀，维持其稳定性；可与单宁结合，削弱其粗糙口感，使其变得更加圆润；与游离花色苷结合，防止色素沉淀，促进颜色稳定；固定香气成分，促进葡萄酒香气的稳定。

（3）改变微氧化和酚类物质结构：由于橡木桶壁的通透性，氧可缓慢而连续地进入葡萄酒。含量低但连续的溶解氧的进入和木桶单宁的溶解，导致了一系列的反应。单宁的缩合度提高，涩味下降；花色苷总量下降，但单宁－色素复合物的比例提高，使颜色更为稳定。

（4）橡木桶成分的溶解：在葡萄酒的陈酿过程中，一些橡木的成分会溶解在葡萄酒中，进而影响葡萄酒的风味。这些成分主要有：橡木内酯（具有椰子的气味）、丁子香酚（具香料和丁香气味）、香草醛（具香草气味）等。另外，橡木桶制造过程中的烘烤工艺还会赋予葡萄酒焦糖、咖啡或烟熏等气味。

三、人工催陈

传统的陈酿方式虽能明显提高葡萄酒的品质，但所需时间一般较长，会大大延长生产周期。随着科学技术的发展，先进的新技术逐渐应用于葡萄酒的陈酿过程，在保证葡萄酒质量的前提下，采用人工催陈方法可加快周转速度，缩短产品的生产周期，从而提升企业的经济效益。目前常见的人工催陈方法有微氧催陈、超声波催陈和高压脉冲电场催陈等。

1. 微氧催陈

葡萄酒陈酿期间，向罐内葡萄酒通入可控的微量氧气，以满足陈酿期间各种物理化学反应对氧的需求。在有效控制溶解氧的条件下，可促进葡萄酒熟化，降低不愉悦的还原气味的含量。另外，在通入可控微量氧气的同时，可在罐中加入橡木板或橡木片，以模拟橡木桶陈酿。与自然熟化相比可显著缩短陈酿时间，并节约橡木桶的购买成本。

2. 超声波催陈

超声波催陈是指利用超声产生的"空化作用"，使酒液处于瞬间的高温高压状态，进而提高酒中各成分的活化能，促进酒体中一系列物理化学反应的进行，提升葡萄酒感官品质的过程。但需合理地控制超声参数和超声能量，避免高温或高压对葡萄酒造成损害。另外，超声会将葡萄酒中的部分溶解氧释放出，从而影响陈酿效果，因此，通常在超声的同时给葡萄酒通入微量氧气。

3. 高压脉冲电场催陈

将脉冲电场短时间内施加于葡萄酒，注入脉冲电场能量，注入的脉冲电场能量可促使分子电离，降低反应所需的活化能，加快处于动态平衡的化学反应速率，加速氧化还原、缔合、水解等反应。高压脉冲电场处理时间短，设备简单，具有很强的应用价值。

目前，人工催陈技术的研究已取得较大的进展，但因为其机理尚不够明晰，且人工催陈葡萄酒的品质不能够完美模拟自然成熟酒的品质，因此还未真正应用于企业的大规模生产中。

 ## 第八节　葡萄酒后处理

一、下胶

下胶指在葡萄酒中加入亲水胶体，使之与葡萄酒中的胶体物质发生絮凝反应，并通过转罐、过滤等操作将这些沉淀去除，使葡萄酒澄清稳定的过程。

常用的下胶原料有膨润土（皂土）、明胶、PVPP及蛋白类产品。本节将简单介绍膨润土、明胶两种下胶材料及相应的添加方法，并讲解下胶材料的选择及下胶过程的注意事项。

1. 膨润土

又称皂土，是铝的自然硅酸盐。它可吸水膨胀，膨胀后的皂土呈糊状，具有胶体的性质，带负电荷。葡萄酒中的pH值多低于蛋白质的等电点，因此

图6-18 添加不同浓度皂土处理的干白葡萄酒

葡萄酒中的蛋白质多带正电荷。带负电荷的皂土可吸附蛋白质，产生胶体的凝聚作用。因此，皂土可用于葡萄酒的稳定和澄清处理。

在使用时，准确称取相应数量的皂土（添加量通常为 0.4~1g/L），加入到 75~85℃搅动的水中，搅拌直至皂土无结块，静置 24 小时使皂土充分膨胀活化后，缓慢泵入酒中，循环均匀。

2. 明胶

明胶是动物胶原通过部分水解后获得的产品。明胶的等电点为 pH4.7，远高于一般葡萄酒的 pH3.0~3.5，因此明胶在葡萄酒中带正电荷，可以与带负电荷的分子如酚类物质、单宁等发生絮凝，并通过后续的过滤去除，从而明显降低葡萄酒的涩感。

明胶的添加：下胶前将明胶在冷水中浸泡，使之膨胀，在下胶时，将浸泡好的明胶溶解在 10~15 倍于其体积的水中，随后将其添加到待处理的葡萄酒中。在处理白葡萄酒时，最好用明胶与皂土混合处理，以避免由于白葡萄酒中单宁含量过低而造成明胶添加过量。

下胶材料的选择：红葡萄酒中富含单宁，有利于下胶物质的沉淀，且下胶物质对葡萄酒的感官质量影响较小，所以红葡萄酒的下胶较为容易，大多数下胶物质都可使用。白葡萄酒的单宁含量少，下胶较困难，常用的下胶物质有酪蛋白、鱼胶、PVPP（聚乙烯吡咯烷酮）与皂土结合使用，以避免下胶过量。所有的下胶操作必须在下胶以前进行小试验，以决定下胶材料及其用量。

下胶过程的注意事项：在下胶过程中最困难的是使下胶材料与葡萄酒快速地混合均匀，因为，下胶材料的絮凝速度很快，如不迅速混匀，下胶材料就会被絮凝物质包裹沉淀，影响下胶效果。最好利用倒罐或转罐的机会进行皂土处理，皂土处理后需静置一段时间，然后分离过滤。

二、过滤

葡萄酒过滤就是使葡萄酒穿过多孔物质，将该葡萄酒的固相部分分开。在葡萄酒酿造过程中常用到硅藻土过滤机、板框过滤机及错流过滤机。

1. 硅藻土过滤机

硅藻土是用得最广泛的一种助滤剂，它主要由古代硅藻的遗骸所组成（硅质沉积岩）。其化学成分以二氧化硅为主，是经矿石粉碎、高温煅烧后，制成的一种多孔、质轻的助滤剂。葡萄酒过滤时，先将硅藻土在过滤机内部的筛面上预涂成滤饼，随后使待过滤的葡萄酒通过该涂层。随着过滤的进行，硅藻土的部分空隙被堵住，影响过滤效果，因此，过滤开始后要不断添加硅藻土，以更新滤层，保持滤层的通透性。另外，须保证流量的相对恒定，因为不均匀的流速会破坏筛面上的"过滤桥"，导致过滤出的葡萄酒混浊。流量均匀与否取决于过滤机进口和出口的压差。

图 6-19　硅藻土过滤机（左）、过滤机内部的筛面上预涂成滤饼（右）

2. 板框过滤机

板框过滤机由机架及交替悬挂其上的滤框和滤板组成，一般用于硅藻土过滤（粗滤）之后。不同型号的设备上安装的纸板的规格、数量不同，通常纸板的规格越大、安装纸板的数量越多，过滤速度越快。另外纸板的孔径大小可根据过滤需求进行调整，纸板安装时要按照"毛面进酒、光面出酒"的原则进行安装；且需要确保纸板边缘都能够被滤框压紧，避免过滤过程中漏酒，过滤结束后丢弃纸板。

图 6-20　纸板的光面（左）、纸板的毛面（右）　　　图 6-21　板框过滤机

3.错流过滤

葡萄酒的错流过滤就是在泵的推动下，葡萄酒平行于膜面流动，与传统过滤方式不同，葡萄酒流经膜面时产生的剪切力会把膜面上滞留的杂质带走，从而使杂质层始终保持在一个较薄的水平。其孔径较小，且其被杂质堵住的倾向较低，在整个过滤过程中流量相对稳定、适用于较大规模的葡萄酒的过滤。另外，错流过滤损耗较低，可以进行全自动生产，工作效率高。

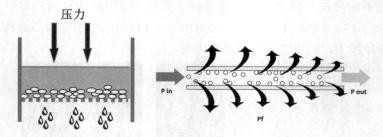

图 6-22　传统过滤示意图（左）、错流过滤示意图（右）

图 6-23　错流过滤机

三、冷稳

葡萄酒储存过程中，由于储存环境的变化，特别是在低温条件下，酒石酸盐的溶解度降低，经常会出现酒石酸盐沉淀。因此，必须在装瓶前使葡萄酒中的酒石酸盐稳定，以获得葡萄酒冷稳定。

冷稳定可用以下三种方法获得。

1. 加入偏酒石酸

如果装瓶后的葡萄酒会被快速消费，可以通过添加偏酒石酸来使葡萄酒达到短期的酒石酸氢盐稳定。偏酒石酸是通过让酒石酸的羟基和羧基之间形成酯键制成的，添加到葡萄酒中后会逐渐水解释放酒石酸，以抑制酒石酸氢钾晶体的形成。但其建立的酒石酸氢盐稳定是短暂的，且受葡萄酒储存温度（温度可影响偏酒石酸的水解）的影响，储存温度在12~18℃时，其稳定作用可以保持1年左右。

2. 冷处理

通常将葡萄酒的温度降低到冰点［温度（℃）＝－（酒精度/2-1）］附近，并在该温度下维持2~4周。在冷冻开始时可以添加酒石酸氢钾晶种，以促进晶体的生长。冷处理结束后，需在低温条件下过滤，以除去酒石酸结晶。目前葡萄酒企业中通常用冷处理来达到葡萄酒的冷稳定。

3. 反渗透法

利用反渗透法可将葡萄酒中的水分去除，以提高酒石酸氢盐的浓度，从而促进酒石酸氢盐的结晶和沉淀，晶体去除后再将分离的水重新添加回去。

冷稳定的检测方法：将待测的葡萄酒用0.45μm的膜进行过滤，随后将其注入透明的玻璃瓶中，将装有过滤后葡萄酒的玻璃瓶放入冰箱冷冻室中，在-15 ± 2℃条件下结冰，并保持结冰状态5小时。随后放置在常温自来水中解冻，解冻后立即进入暗室用手电筒照射，从各个方向观察酒体，如果酒体澄清透明、瓶底无沉淀，表明该酒样冷稳定性良好，否则为冷不稳定。

四、热稳

葡萄酒中的蛋白质主要来源于葡萄，且与葡萄的品种、成熟期和气候相关。葡萄酒中引起浑浊的蛋白质主要是低分子量的类甜蛋白和几丁质酶，这种蛋白质在低pH值条件下能够抗蛋白酶降解，可在葡萄酒的酿造过程中存活下来。类甜蛋白和几丁质酶都属于病程相关蛋白质（病程相关蛋白为植物受到外界迫害后，自身产生的一些具有免疫效应的蛋白质），且分子结构非常相似。葡萄酒中的类甜蛋白和几丁质酶在高温条件下结构发生变化，蛋白质肽链解螺旋暴露原本藏在里面的氨基酸侧链，然后，新暴露的侧链可以自由地与相邻的蛋白质或与其他葡萄酒成分相互聚集，在瓶内产生浑浊或沉淀，从而导致了葡萄酒对热不稳定。

1. 热稳的处理方式

目前，在葡萄酒生产过程中添加皂土还是最常见的蛋白质稳定处理方式。

研究表明，葡萄酒中的蛋白质多带正电荷。皂土含有大量的可溶性离子，可以与蛋白质电离的氨基酸进行广泛的离子交换。带负电荷的皂土可将带正电荷的蛋白质吸附到皂土上，使蛋白质发生凝聚和沉淀，再通过过滤去除。另外，发酵结束后应尽快转罐，减少与酒脚的接触时间，以避免酵母自溶。还可对葡萄酒进行加热处理，以加速蛋白质的凝聚，但加热处理会使葡萄酒氧化并失去部分果香。

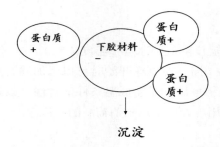

图 6-24　下胶过程中蛋白沉淀示意图

2. 热稳定的检测方法

传统上，蛋白质稳定性试验，是将葡萄酒样品加热到 80℃ 保持 2~4 小时（通常干白的处理时间可以在 2 小时，而干红的处理时间通常在 4 小时）。冷却后，或者主观地（通过肉眼），或者客观地（通过浊度或光学密度）观察样品的浑浊现象。如果葡萄酒出现絮凝沉淀或酒体发生浑浊，则表明该酒样具有易引起瓶内蛋白破败的过量蛋白，热不稳定。如果没有，则表明该葡萄酒蛋白质稳定性合格，即热稳定性合格。

五、调配

未经调配的葡萄酒，通常用来展示特定产区、特定葡萄园、特定品种的产品风格，但从香气、口感等方面来讲它未必完美，因此需要进行调配。调配的目的就是让不同品种、不同产地、不同年份的葡萄酒相互组合、相互补充，以获得最佳的香气及口感。

1. 常用的调配组合

少量的美乐能补充赤霞珠缺乏的柔和与平顺。在澳大利亚，赤霞珠和西拉组合是经典搭配，两者勾兑往往会产生 1+1>2 的效果。马尔贝克酒添加少量的美乐，可以让缺乏香气的马尔贝克闻起来更清新，同时口感也会更加顺滑。如果一款葡萄酒缺乏结构或者单宁，则可以添加部分赤霞珠来增强口感。

2. 调配操作

葡萄酒调配是一项非常精确的操作，所以要先做小试验。试验时首先将所有的酒样取好一字摆开，列好表格，掌握各个酒样的基本信息，如品种、年份、数量、过桶信息、各项理化指标等，也要明确对成品葡萄酒的要求。如果是同一级别的酒的生产，还要将上一批次的酒样拿来作对比，以保持同一级别不同批次品质的一致性。待大罐酒调配好之后，要与调配小样进行感官及理化指标对比，感官及理化指标根据每个企业的要求可有适当波动。

 第九节　葡萄酒的灌装

一、葡萄酒的质量监测

灌装为葡萄酒酿造的最后一道工序，待灌装的葡萄酒在装瓶以前必须通过稳定性检测、感官品尝以及理化指标分析。

感官品尝通常在灌装的前一天，酿酒师要确保待灌装原酒无异味，品质与调配后相比无明显变化。稳定性检测在灌装前一周进行，包括热稳定及冷稳定性检测，确保冷稳和热稳合格。待灌装葡萄酒的理化指标要符合《GB 15037—2006 葡萄酒》中对葡萄酒中各项理化指标的要求。

二、葡萄酒的灌装

（一）抑菌处理

对于甜型葡萄酒，灌装前需添加山梨酸作为抑菌剂抑制酵母的生长（并不能杀死酵母），在二氧化硫的协同下，会更好地发挥其抑制作用。山梨酸的最大添加量为 200 mg/L。另外，山梨酸还能有效地抑制霉菌和好氧性细菌的活性。山梨酸在水中的溶解度不大，它的较易溶形式是山梨酸钾，因此，企业中经常以山梨酸钾的形式添加。

（二）除菌过滤

等待灌装的酒依次通过 0.2~0.45 μm 膜滤芯进行最终的除菌过滤后，进入酒缸灌装。

（三）葡萄酒的灌装

目前葡萄酒的灌装多用自动化灌装线，在灌装过程中需要注意控制以下几点。

1. 液位一致

每次装入酒瓶中的酒液要精确地控制为相同的体积，以保证同一批次、同一瓶型的葡萄酒液位一致，并留出适当的位置来预防酒液体积随温度的变化。

2. 防氧化

在灌装过程中尽量避免酒液与氧气接触，在灌装前用二氧化碳冲洗或在真空环境下灌装可有效避免酒液与氧气接触。灌装后酒液上方有一段空隙，顶空中的氧气会加速葡萄酒的氧化，因此可在灌装后、打塞前用二氧化碳冲洗顶空。

3. 预防微生物感染

如灌装机中滋生有害微生物，则会很快污染所灌装的葡萄酒。灌装过程中每小时用 75% 的酒精溶液擦拭一遍灌装机出酒头，尽量连续不停机操作。如暂停灌装 30 分钟以上，开始灌装前要再次用 75% 的酒精溶液对灌装机出酒头进行消毒。

图 6-25　葡萄酒灌装

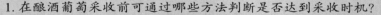

思考与练习

1. 在酿酒葡萄采收前可通过哪些方法判断是否达到采收时机？

2. 苹果酸乳酸发酵对葡萄酒的作用有哪些？

3. 怎样判断苹果酸乳酸发酵是否结束？

4. 橡木桶陈酿过程中葡萄酒的变化有哪些？

第七章
干红葡萄酒的酿造

本章导读

　　本章介绍四种干红葡萄酒的酿造方法，包括常规干红葡萄酒酿造、二氧化碳浸渍法、放血浓缩法、闪蒸工艺等，对每种方法的定义、工艺流程和此工艺对应的酒款风格特点进行介绍，另外增加简易发酵小实验作为拓展课程，方便学生进行实操练习，增加对工艺的理解。

　　本章是讲葡萄酒中一个大的类别干红葡萄酒的酿造。学习本章需要充分理解酿造工艺和酒款风格之间的联系，做到融会贯通。

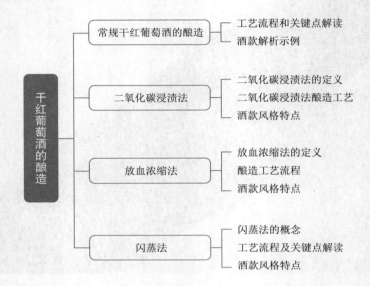

常规干红葡萄酒的酿造 —— 工艺流程和关键点解读
酒款解析示例

二氧化碳浸渍法 —— 二氧化碳浸渍法的定义
二氧化碳浸渍法酿造工艺
酒款风格特点

干红葡萄酒的酿造

放血浓缩法 —— 放血浓缩法的定义
酿造工艺流程
酒款风格特点

闪蒸法 —— 闪蒸法的概念
工艺流程及关键点解读
酒款风格特点

学习目标

1. 掌握不同干红葡萄酒酿造的工艺流程和工艺关键点；
2. 理解工艺选择与原料特点和产品风格的关系；
3. 能熟练准确地运用所学知识推介不同类型的干红葡萄酒。

第一节　常规干红葡萄酒的酿造

　　根据酿酒葡萄原料的不同和最终酿造目标的差别，干红葡萄酒的酿造工艺也多种多样，因为后续有甜型葡萄酒章节，所以这里只讨论干红葡萄酒的酿造工艺。常规干红葡萄酒酿造流程一般包括：采摘、穗选、除梗、粒选、破碎入罐（不锈钢罐、橡木桶、水泥罐等）、酒精发酵、皮渣分离、苹果酸乳酸发酵、陈酿、过滤、灌装。为了方便后续的学习，在第六章中已经把葡萄酒的一般流程做了详细的介绍，所以本章以及后续章节对相关内容不再赘述。在常规流程的基础上，不同发酵容器的选择以及酿造过程中具体操作细节的不同，都会对葡萄酒最后的风格产生较大的影响。例如，有的酒庄会在发酵前采取热浸提或者冷浸渍的工艺，具体仍需针对不同原料和酿造风格进行工艺设计。

图 7-1　干红葡萄酒发酵车间

一、工艺流程和关键点解读

（一）工艺流程图

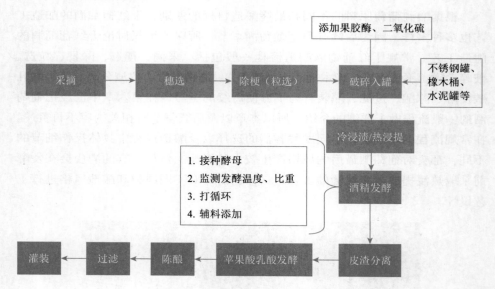

图 7-2　常规干红葡萄酒酿造流程

（二）工艺关键点解读

1. 热浸提

在进行酒精发酵之前，有些酿酒师会选择进行冷浸渍或者热浸提。热浸提目的是将葡萄原料加热（通常超过 70℃），破坏氧化酶减少氧化风险、降低吡嗪等生青味、提高色素含量。

2. 冷浸渍

冷浸渍的作用是提高葡萄酒的香气，增加小分子单宁含量，使红葡萄酒品种香气突出，口感柔顺。一般 4~8℃，3~5 天。

3. 酒精发酵

很多酿造工艺没有热浸提和冷浸渍的工艺，直接破碎入罐后接种酵母进行酒精发酵。此阶段需要监控发酵温度、比重，从而根据发酵进程进行不同程度的打循环等工艺操作。

（1）比重和温度的监测：不同发酵进程会对应一定发酵温度，比重在一定程度上可以反映发酵醪中残糖的情况，从而判断发酵进程，针对发酵进程做相应的操作。所以发酵温度和比重的监测非常重要。一般早中晚各测定一次，在一些需要操作的关键点上（例如加辅料和做开放式循环）要根据经验及时测定，以免错过操作时机。

（2）打循环：在酒精发酵过程中，打循环的操作至关重要，它可以决定最终葡萄酒中颜色、单宁等成分的含量。由于发酵过程中产生二氧化碳将葡萄皮渣顶起在发酵罐顶部，为了更好地浸提皮渣里面的颜色和单宁等成分，也为了发酵能够更为充分地进行，所以会有不断地从罐的下方抽取汁子到罐顶部的循环操作。随着发酵的进行，酵母不断地将发酵醪中的糖转化为酒精，酒精浓度增加，发酵产热使得温度也逐渐升高，此时发酵醪对皮渣内容物的浸提作用更为显著，所以一般循环的力度会逐渐降低，避免过度提取其中对酒不利的成分。甚至有的酿酒师会在发酵结束前提前从底部分离葡萄籽，减少其中劣质单宁对葡萄酒的影响。

（3）充二氧化碳：发酵后期至皮渣分离之前，此阶段发酵产生的二氧化碳极少，尤其是发酵结束以后，皮渣也会慢慢下沉，为了保护上层的皮渣和酒液，往往需要从罐的顶部充入二氧化碳，二氧化碳的密度比空气大，下沉赶走罐顶部空气，从而营造无氧的环境，保护皮渣和酒液。

比重计测糖

充入二氧
化碳

压皮渣

图 7-3　篮式压榨机压榨后的皮渣

4. 皮渣分离

酒精发酵、泡皮阶段结束后进行皮渣分离，自流汁与压榨汁分开储存，后期灌装前可根据需要进行调配，皮渣的压榨通常选择气囊压榨机或者篮式压榨机。

5. 苹果酸乳酸发酵

接种乳酸菌将相对口感比较尖锐的苹果酸转化为口感柔和的乳酸，并提高生物稳定性。乳酸菌的种类很多，不同乳酸菌的接种时间和方式也不尽相同，通常情况下20℃进行接种并发酵。有的酿酒师根据原料酸度等情况，选择不进行此操作。

6.陈酿阶段

苹果酸乳酸发酵结束以后多数酒款都会进行不同时间的陈酿，进一步澄清和稳定。常见的有不锈钢存储（有的罐内添加橡木板）、橡木桶陈酿。由于橡木桶成本较高，存储空间有限，所以有的酒款会选择在不锈钢罐中加入橡木板进行陈酿。具体的操作是：用不同长度的绳子穿过橡木板上的小孔，一般一种长度的绳子上面会系多块橡木板。然后另一头系在罐的底部，操作完成后将酒液打入罐中。木板因为浮力作用漂浮，同时由于绳子的长度不同，橡木板最终漂浮在罐中不同的高度位置，与罐内不同位置的酒液充分接触。与橡木桶陈酿相比，可以选择多种橡木板进行组合入罐。此方式经济高效，但是不锈钢罐没有橡木桶的微氧透气性。目前市面上也存在模拟橡木桶陈酿的设备，例如智能恒温微氧陈酿罐、孚澳（flexcube）创新酒桶，这些设备内部添加橡木制品，同时模拟橡木桶的透氧功能，减少成本投入。

图7-4 孚澳（flexcube）创新酒桶

橡木桶陈酿，不同产地、不同纹理、不同烘烤程度、不同大小、新旧程度、陈酿时间等都会对葡萄酒产生不同的影响。橡木桶陈酿对葡萄酒的作用在第六章已经讲述，这里不再赘述。经过陈酿的葡萄酒一般口感更加柔和，并且复杂性增加。

这里需要说明，不是所有的酒都需要经过橡木板或者橡木桶等陈酿处理，酿酒师需要根据酒款本身特点和酿造目标决定是否使用。有些橡木桶和橡木板的使用反而会掩盖基酒本身的果香。

二、酒款解析示例

图 7-5　干红葡萄酒酒标

（一）葡萄酒名称

停云白鲸干红葡萄酒。

（二）葡萄信息

（1）葡萄品种：赤霞珠 100%。

（2）初始指标：糖 276g/L，酸 6.8g/L。

（3）采收时间是 2018 年 10 月，亩产量 400kg，树龄 16 年。

（4）风土：宁夏贺兰山东麓产区（37°43′N 至 39°05′N、105°45′E 至 106°27′E）属典型的温带大陆性气候。全年日照 2851~3106 小时，日较差大，平均为 12.5℃；年降水量 148.7~228.1 mm，多集中在夏季；无霜期 160~190 天；干燥度大于 3.5。土壤含砾石、沙粒，主要为灰钙土和淡灰钙土。

停云酒庄白鲸的葡萄园位于青铜峡产区的甘城子，青铜峡产区位于贺兰山脉的末端，土壤以灰钙土为主，矿物质丰富，微量元素含量高。土壤中含有较多的砂质，透水性好。

（三）葡萄酒信息

（1）基本信息：2018 年，干红，750mL，14.8%vol；

（2）酒评：深宝石红色，成熟原料带来新鲜黑李子、樱桃的香气，优质的橡木桶陈酿则赋予其炒栗子、香草的情致。入口单宁结实，细砂质口感为其风味提供了美妙的结构支撑，也在悠长的余味中与果味融合。是一款果味明亮，风味与结构完整的干红。

（四）酿造工艺记录

100% 人工采摘，3~5℃低温浸渍 72 小时。非酿酒酵母与商业酿酒酵母联合控温发酵，后浸渍 18 天，气囊柔性压榨分离皮渣后，进行苹果酸乳酸发酵。30% 全新法国细纹理橡木桶、50% 法国细纹理旧橡木桶、20% 美国细纹理旧橡木桶，陈酿 12 个月，人工倒桶免过滤。

 第二节　二氧化碳浸渍法

一、二氧化碳浸渍法的定义

二氧化碳浸渍法（称为 Maceration Carbonique 法或 Carbonic Maceration 法，简称 MC 或 CM 法）由法国学者 Flanzy（1935 年）做了一系列实验后提出并推广。其特点是将整串或完好无损的葡萄浆果放置于充满二氧化碳的密闭容器中，由浆果本身的内源酶促使细胞进行厌氧代谢，随后接种酵母发酵和后处理，是一种独特的葡萄酒酿造方法。

图 7-6　整串葡萄入罐

二、二氧化碳浸渍法酿造工艺

（一）工艺流程

（1）准备完整的、未经去梗和压榨的葡萄。

（2）倾斜装入二氧化碳浸渍罐（装料过程尽量轻柔，避免果粒破碎）。

（3）细胞内发酵和浸渍作用。

（4）分离压榨。

（5）酒精发酵和苹果酸乳酸发酵。

（6）储藏。

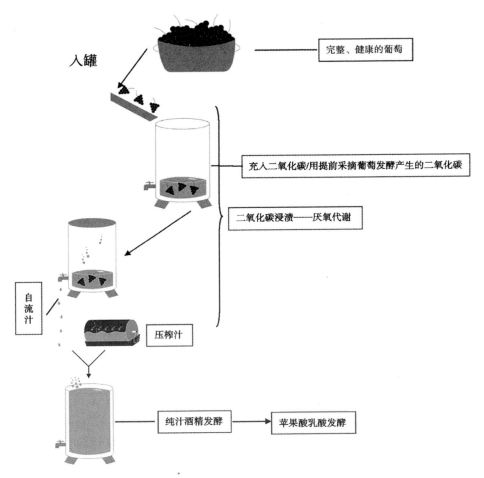

图 7-7　二氧化碳浸渍法工艺流程图

（二）工艺关键点解读

1.保持葡萄浆果的完整性

因为葡萄皮上存在野生酵母，一旦果实破碎，很快就会导致酵母发酵。所以此方法要求葡萄整串、不进行除梗、破碎，保持葡萄果实的完整性，让葡萄果实在厌氧环境下由内部酶的催化进行细胞内发酵。由于整串入罐，所以会占据更多的发酵空间，这在榨季无疑会给酒庄带来容量压力。

2. 对发酵罐和操作的要求

很多时候完全的 CM 发酵很难实现，除非罐体比较粗短（一般不超过 2.5m），入罐量少且整个过程动作轻柔，这样尽量减少由于动作和重力造成的葡萄破裂。如果罐体较高葡萄入罐也较高，很快就会因为重力作用而造成果实破裂，部分汁液流出，这样在罐底部便会进行传统的酵母发酵，保持完整的上半部分进行二氧化碳浸渍细胞内发酵。

3. 厌氧条件和细胞内发酵

葡萄入罐后可以在罐上方充入二氧化碳，由于二氧化碳的密度比空气大，所以下沉赶走罐内空气，从而形成厌氧的环境，营造细胞内发酵的条件。在这样的条件下，葡萄果实吸收二氧化碳，在内源酶的作用下将糖转化为酒精。

罐内二氧化碳的获取方式有两种：一是直接人为充入二氧化碳，二是提前采收葡萄破碎入罐接种酵母发酵产生二氧化碳。第二种方式其实是半二氧化碳浸渍法，酒精发酵和二氧化碳浸渍的细胞内发酵同时进行。

4. CM 发酵过程中的变化

随着 CM 过程的进行，葡萄浆果中会发生一系列的变化，首先是细胞内代谢将糖转化为酒精，大概消耗 20% 的糖，产生 2% 的酒精度，正是因为这 2% 的酒精使得乙醇脱氢酶（ADH）失活，进而终止细胞内发酵，后续细胞破裂。除此之外还会产生部分甘油，苹果酸降低 50% 左右，pH 值提高约 0.25，同时还会产生特殊的香气和风味物质，这也是进行二氧化碳浸渍法最为重要的目的，例如新鲜的红色浆果、泡泡糖、香蕉等；同时浸提出少量的颜色和单宁。

传统的酵母发酵和二氧化碳浸渍法最终的果肉颜色不同，对于红皮白肉的葡萄品种来说，果肉本身是灰绿色，果皮偏紫色。而经过 CM 的葡萄果肉逐渐转变为粉紫色。

5. 传统酒精发酵

二氧化碳浸渍法不会直接发酵成为最终的酒款，当酒精度达到 2% 左右的时候，葡萄浆果破裂，此时需要进行皮渣分离的操作，同样也分为自流汁和压榨汁。由于前期的细胞内发酵和浆果破裂过程，葡萄浆果已经变软和破裂，所以压榨相对比较容易。自流汁的丰富度远不及压榨汁，所以通常会用自流汁和压榨汁混合发酵，也可以单独分开发酵。此阶段的皮渣被去除，和传统的红葡萄酒带皮渣发酵不同，这种方式从皮渣中获取的颜色和单宁等物质含量相对较低。酒精发酵结束以后也进行苹果酸乳酸发酵，在细胞内发酵期间 50% 的苹果酸已经被降解，所以后续的苹果酸乳酸发酵的发酵时间也相对减少。

三、酒款风格特点

二氧化碳浸渍法最具代表性的是法国博若莱新酒（Beaujolais Nouveau），用佳美葡萄酿造。每年11月的第三个星期四，是博若莱新酒节，当年新酒全球同步发售，有很多全球经典的营销案例。另外罗纳河谷出产的大区AOP也有很多半二氧化碳浸渍法酿造的酒款，除此之外其他很多产区都有进行二氧化碳浸渍工艺的尝试。我国也有很多酒庄在发酵过程中采取部分二氧化碳浸渍法来提高葡萄酒特殊的香气。

二氧化碳浸渍法制成的葡萄酒整体颜色较浅，单宁较低，带有独特的红色水果、泡泡糖等香气，口感圆润。其详细特点如下。

1. 果香浓郁：二氧化碳浸渍会使葡萄酒产生独特香气，果香浓郁

此方法下的葡萄酒果香和品种有很大的关系，像佳美这样的中性葡萄品种，二氧化碳浸渍可以赋予其令人愉悦的浓郁的果香，但是对于赤霞珠、美乐等，此法则会掩盖其品种香气，所以博若莱新酒常用佳美作为原料。

2. 口感圆润、柔和：厌氧代谢有机酸、高甘油、低单宁、色浅

厌氧代谢能够分解部分酒石酸以及近一半的苹果酸，使总酸含量大幅下降，pH值上升，尖酸的口感也变得更加柔和、圆润。苹果酸具有尖酸的口感，其含量降低可以使得葡萄酒的口感更加柔和，其他酸（酒石酸、柠檬酸）也会有一定程度的减少。

二氧化碳浸渍强度较小，葡萄果汁与皮渣的接触不充分，厌氧代谢产生的酒精较少，不利于酚类物质的浸提，包括葡萄籽和皮中单宁的摄取，有利于葡萄酒形成柔顺的口感，同时颜色也比较浅。

但是如果只是很少一部分采用了二氧化碳浸渍法，最终的酒款还是会和传统酵母发酵酒款中的物质含量类似。

3. 新鲜易饮型酒款，货架期短

通常二氧化碳浸渍法酿造的葡萄酒20多天即可完成，在多种酶的共同作用下，葡萄酒的风味成熟较快，可以较早售卖，但是货架期通常只有6~12个月，不宜长期储存。一方面是由于二氧化碳浸渍产生的果香会在陈酿过程中快速消失，除非对于某些特定的葡萄品种（赤霞珠、美乐等），其品种香气能弥补消失的二氧化碳浸渍带来的果香，否则不适宜进行长期储存；另一方面由于较弱的浸渍作用，使得单宁、色素等含量较低，这些都导致了较短的货架期，同时也正是由于货架期短的原因，催生了众多全球知名的博若莱新酒营销活动。

第三节　放血浓缩法

一、放血浓缩法的定义

根据原料和酿造风格目标的不同，酿造工艺多种多样，在酿造红葡萄酒的过程中，如果葡萄原料成熟度较好，想获得更为浓缩的葡萄酒，可以采用放血浓缩法。放血浓缩法是在葡萄入罐短期浸渍后释放一部分葡萄汁，单独发酵成为桃红葡萄酒，这样酿造的桃红被称为放血法桃红。剩下的部分罐内皮渣含量不变，葡萄汁减少，后续从皮渣中浸提出的物质含量则被浓缩，酿造的红葡萄酒因而更为浓郁复杂，这样酿造红葡萄酒的方式也可以称为放血浓缩法。

二、酿造工艺流程

前面的操作和常规酿造流程基本相同，但是在短期浸渍之后，需要从发酵罐中放出部分汁子，放出汁子的量一般为总量的20%~25%，剩下的发酵液皮渣含量不变，汁子减少，后续从皮渣中浸出的物质溶解在剩下的75%~80%的汁子内，葡萄酒被浓缩。

不是所有的葡萄都可以进行放血浓缩法酿造浓缩的干红葡萄酒，对于成熟度不好的原料不建议使用此方法，因为这种浓缩没有选择性，例如生青味较重的原料，在浓缩颜色和单宁等物质的同时，生青味和

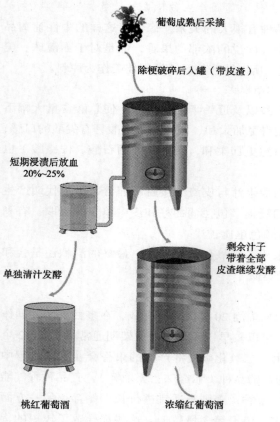

葡萄成熟后采摘

除梗破碎后入罐（带皮渣）

短期浸渍后放血
20%~25%

单独清汁发酵

桃红葡萄酒　　　　　浓缩红葡萄酒

剩余汁子
带着全部
皮渣继续发酵

图 7-8　放血浓缩法流程图

不成熟的单宁也被浓缩，结果会适得其反。

三、酒款风格特点

我们常见的有放血法桃红，这部分内容会在后面第八章详细讲述。放血法桃红一般被认为是酿造浓缩干红的副产物，放血浓缩法干红和常规方法干红相比，颜色更深、酚类物质含量显著提高、结构感更加明显，是一款更为浓缩、适合陈酿的葡萄酒。

除此之外，能用此方法酿造的葡萄原料初始状态就较为成熟，所以不难推断其单宁的细腻、香气的浓郁复杂等。

 ## 第四节　闪蒸法

一、闪蒸法的概念

闪蒸法是利用负压条件下液体沸点降低的原理，使物料在较低温度下沸腾，蒸发水分，以达到浓缩目的的一项技术。根据物理学原理，高温液体突然进入真空状态体积将迅速膨胀并气化，然后温度降低收集凝聚的液体。

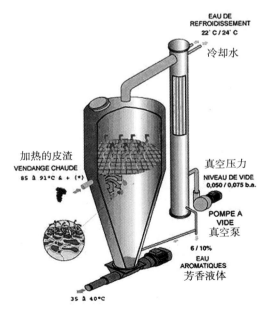

图 7-9　闪蒸瞬间爆破——真空罐示意图

图 7-10　闪蒸设备

1993 年法国酿酒厂率先将闪蒸技术应用到葡萄酒行业。在我国，闪蒸技术仍处于起步探索阶段。目前，国内秦皇岛朗格斯酒庄安装了一整套专业的闪蒸设备。

传统的红葡萄酒酿造，在皮渣分离前，通过不断的打循环操作、发酵醪酒精度的提高和温度、果胶酶等方面的作用来浸提皮渣中的色素和单宁等成分。即使是通过前期的循环、泡皮等操作，最终仍然有 30%~60% 的颜色和单宁物质残留在皮渣内。酿酒师们一方面想要获取更多的有利成分，同时又要控制不利于口感的物质浸出，在此过程中也尝试了各种技术，除循环操作、果胶酶的使用外，还有热浸提、卧式罐的尝试。无论哪一种技术都需要把握一定的度，以避免不良成分的浸入，但总体的浸提效果仍然有限，就是在这样的背景下，闪蒸技术被用来对原料进行浓缩。

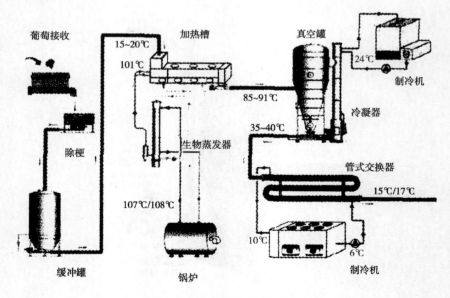

图 7-11　闪蒸工艺流程图

二、工艺流程及关键点解读

1. 缓冲（缓冲罐）

缓冲罐的作用是暂时储存原料，葡萄采收除梗后放至缓冲罐中进行储存，缓冲罐一般较大，是真空罐的 2 倍，此时的葡萄醪温度一般在常温 15~20℃。

2. 加热（加热槽、生物蒸发器、锅炉）

发酵醪从缓冲罐出来，先进入加热槽进行加热，加热槽内有过滤板，部分汁液被滤出进入生物蒸发器。在生物蒸发器内部是108℃的高温蒸汽，可以将少量的汁液迅速蒸发，蒸发后的气体（101℃）又重新被混入加热槽内与醪液混合，用这种方式将发酵醪液迅速加热到85~91℃。整个过程不超过 4 分钟。所以最终进入真空罐的发酵醪温度在85~91℃。

3. 负压蒸发（真空罐）

加热后的醪液进入气压为 -0.9Pa 的真空罐，在这种负气压条件下，醪液迅速膨胀，果皮瞬间破裂，并迅速汽化蒸发，爆破使所含的单宁、色素及其他的一些风味物质大量溶出，多酚类物质含量显著提高50%。由于这一作用是在瞬间完成的，葡萄籽几乎不受这种作用的影响，从而避免了浸提出其中的劣质单宁。蒸发后冷凝下来的冷凝水中含有大量香气成分，这部分水可以被直接放掉以达到对葡萄汁进行浓缩的目的，也可以部分回添到醪液中，以防止香气物质的过多损失。

4. 降温

从真空罐出来的醪液温度约为35~40℃，后续通过一个管式热交换器，以使发酵醪温度降至15~17℃后分离皮渣、压榨取汁后进行纯汁发酵。

三、酒款风格特点

闪蒸技术主要是提高原料的品质，从而最终影响葡萄酒的质量，如原料质量比较高，经过闪蒸技术处理后，葡萄酒中多酚类物质含量显著提高，口感更加醇厚，结构感更加明显，单宁感更强，颜色更深，适合长期储存。

但是很多时候这种技术被用来解决原料质量不理想的问题，通过闪蒸处理来提高原料品质。例如高温使得吡嗪类物质分解，有效去除葡萄的生青味、蔬菜味以及其他一些不愉快的味道，这种情况下通常酿造的葡萄酒也会物美价廉。

除此之外，闪蒸法酿造的葡萄酒不容易氧化，因为在此过程中可以有效钝化漆酶活性，降低氧化概率，所酿造的葡萄酒将不易发生氧化变质。另外由于水分蒸发，总干浸出物含量提高，糖度也平均提高 1~4°BX，这些变化最终都会反映在葡萄酒中。

✍ 思考与练习

1. 从酒标上的哪些信息可以判断酒的酿造工艺？
2. 如何向客户介绍一款二氧化碳浸渍法酿造的干红葡萄酒？
3. 如何向顾客介绍一款闪蒸法酿造的干红葡萄酒？

干红葡萄酒酿造流程视频

课外拓展：干红简易酿造小实验

第八章
桃红葡萄酒的酿造

本章导读

　　本章介绍了桃红葡萄酒的分布、原料品种、酿造工艺和酒款特点。其中5种酿造工艺是重点，包括放血法、短期低温浸渍法、直接压榨法、混合发酵法和调配法，全面地介绍了各酿造方法的定义、工艺流程及对应工艺的酒款风格特点。最后增设桃红葡萄酒简易发酵实验作为拓展训练，加深学生对工艺的理解。

　　本章所介绍的桃红葡萄酒，在葡萄酒中是一个较小的类别，但近年来逐渐趋热。学习本章需要充分理解酿造工艺和酒款风格之间的联系，做到融会贯通。

思维导图

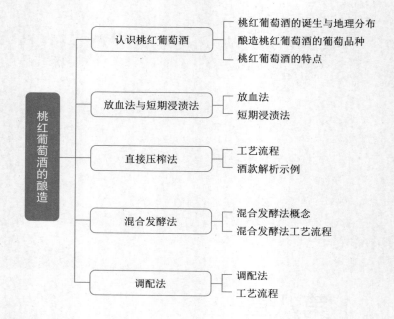

桃红葡萄酒的酿造
- 认识桃红葡萄酒
  - 桃红葡萄酒的诞生与地理分布
  - 酿造桃红葡萄酒的葡萄品种
  - 桃红葡萄酒的特点
- 放血法与短期浸渍法
  - 放血法
  - 短期浸渍法
- 直接压榨法
  - 工艺流程
  - 酒款解析示例
- 混合发酵法
  - 混合发酵法概念
  - 混合发酵法工艺流程
- 调配法
  - 调配法
  - 工艺流程

学习目标

1. 了解桃红葡萄酒的历史与地理分布；

2. 了解酿造桃红葡萄酒所选用的葡萄品种，掌握不同葡萄品种对桃红葡萄酒的酿造的影响；

3. 掌握桃红葡萄酒酿造的原理、工艺流程及操作要点。

第一节 认识桃红葡萄酒

一、桃红葡萄酒的诞生与地理分布

（一）桃红葡萄酒的诞生

桃红葡萄酒（Rose Wine/Rosé）是葡萄酒中按颜色分类的一类葡萄酒，其历史悠久。公元前 600 年，腓内基人将葡萄园的概念引入法国后，桃红葡萄酒开始盛行，在 17 至 18 世纪，桃红葡萄酒已成为欧洲帝王最欣赏的美酒。若干年后，腓内基人不敌罗马人的进攻，将美丽的普罗旺斯地区拱手相让。罗马人本身就在葡萄酒酿造方面具有丰富的经验，于是他们扩大了普罗旺斯的地理范围，又引进了新的葡萄品种，并优化了传统的桃红葡萄酒酿造工艺。

桃红葡萄酒的色泽和风味介于红葡萄酒和白葡萄酒之间，可以呈现为淡红色、桃红色、橘红色、三文鱼色、砖红色等，而且有属于自己的专有酿造工艺，既不同于红葡萄酒，也不同于白葡萄酒。

（二）桃红葡萄酒的地理分布

1. 法国

法国的桃红葡萄酒占全球桃红葡萄酒总产量的 27%，可谓稳坐桃红葡萄酒的第一把交椅。法国的桃红葡萄酒多产自温暖的南部产区，特别是在炎热的夏季，口感清新舒适的干型桃红葡萄酒非常畅销。

（1）普罗旺斯（Provence）。法国的普罗旺斯是世界闻名的桃红葡萄酒之乡，同时，它也是法国桃红葡萄酒的起源地和最大的桃红葡萄酒产区，其生产的桃红葡萄酒占法国桃红葡萄酒总产量的 40%。这里的很多桃红葡萄酒会采用歌海娜、西拉和赤霞珠混酿而成，一般带有草莓、西瓜、葡萄柚和草本味，口感圆润，清新宜人。

（2）卢瓦尔河谷（Loire Valley）。卢瓦尔河谷也是法国一个重要的桃红葡萄酒产地。安茹（Anjou）是这里非常知名的一个子产区，桃红葡萄酒是该产区之重，品质毫不逊色于普罗旺斯。

（3）罗纳河谷（Rhone Valley）。位于南罗纳河谷的塔维勒（Tavel），以生产桃红葡萄酒闻名，也是法国少有的只产桃红葡萄酒的法定产区。普罗旺斯的桃红葡萄酒虽然名气颇高，但论总体品质，塔维勒桃红葡萄酒则更胜一筹，称得上是法国最出色的精品桃红葡萄酒。

2. 西班牙

西班牙最好的桃红葡萄酒来自于纳瓦拉（Navarra），在世界同类酒中也颇有名气。该产区位于西班牙东北部，桃红葡萄酒多由歌海娜（Garnacha）酿成，有时也会用丹魄酿制。歌海娜桃红葡萄酒多呈干型，颜色呈覆盆子粉红色，非常清新，果味浓郁，具有红色浆果的特征，口感平衡，极具风味。

3. 美国

作为新世界产区内的佼佼者，美国所产的葡萄酒类型非常多，白仙粉黛（White Zinfandel）就是美国最具代表性的酿造桃红葡萄酒的葡萄品种。对于这个葡萄品种千万不要望文生义，它并不是一个白葡萄品种，而是一种用来酿造桃红葡萄酒的淡红色葡萄品种。

白仙粉黛葡萄酒通常口感香甜，酒精度较低，甜度在半干到甜型之间。它拥有非常浓烈的果味，有时会有爽脆的酸度来加以平衡。一般来说，白仙粉黛葡萄酒需要尽早饮用，不适合陈年。

4. 中国

中国的桃红葡萄酒起步相对较晚，在 2010 年之前，中国的桃红葡萄酒并不多，但是最近几年，很多年轻人开始进入葡萄酒领域，刚入门的饮酒者，不喜欢红葡萄酒单宁的酸涩感，又觉得白葡萄酒的颜色喝起来没有气氛，因此，桃红葡萄酒越来越受到年轻人的喜欢。

无论是在西部的宁夏贺兰山东麓产区、新疆产区，还是在河北产区、山东产区，都有很多酒庄已经拥有很成熟的桃红葡萄酒产品了，而且涵盖了干型、半干、半甜以及甜型、起泡酒等多种类型。所选用的葡萄品种有赤霞珠、西拉、品丽珠、美乐、黑比诺和神索等国际品种。当然，中国酿造桃红葡萄酒的品种还不止这些，马瑟兰、紫大夫、玫瑰蜜、玫瑰香、龙眼等品种酿造的桃红葡萄酒也深得消费者的青睐，并在国际大赛中屡获大奖。

图 8-1　桃红葡萄酒渐受欢迎

二、酿造桃红葡萄酒的葡萄品种

从理论上讲，所有可酿造红葡萄酒的原料品种都可以用来酿造桃红葡萄酒，但实际上能够酿造优质桃红葡萄酒的葡萄品种屈指可数。最常用的品种主要有歌海娜（Grenache）、丹魄（Tempranillo）、神索（Cinsault）、西拉（Syrah）、赤霞珠（Cabernet Sauvignon）、美乐（Merlot）、佳利酿（Carigman）、品丽珠（Cabernet Franc）等。近些年大家开始使用玫瑰香（Muscat）、马瑟兰（Marselan）、龙眼、毛葡萄等来尝试桃红葡萄酒的酿造，也收到了很好的效果。不同葡萄品种酿成的桃红葡萄酒颜色各异，香气和口感也不尽相同。

葡萄果实中对桃红葡萄酒的感官质量起到主要作用的是花色素苷和单宁这两种酚类物质，花色素苷是形成桃红葡萄酒颜色的关键，单宁会使桃红葡萄酒带有苦涩感，如果浸渍出来的单宁过多，还需要通过添加 PVPP 来去除部分单宁，以降低苦涩感。这两类物质的含量及相互之间的比例，因葡萄品种的不同差别很大。而且单宁和花色素苷的含量和比例，在葡萄各部位中的变化也很大。总体来说，花色素苷主要存在于果皮中，种子和果梗中很少或不存在，而单宁在各部位都有分布。所以要酿造优质的桃红葡萄酒，必须要避免在运输过程中对葡萄原料的挤压和浸渍，尽量使其完整进入酿酒前处理车间。

每个葡萄品种的工艺特性不同，在不同的年份之间，其酿造风格也会随之变化。因此，想要酿造出品质更好的桃红葡萄酒，就需要根据产区的风土条件，当年的气候特点，葡萄原料的表现，来选择最适合的品种混酿。

三、桃红葡萄酒的特点

不同的葡萄品种、不同产地以及不同的酿造工艺酿出的桃红葡萄酒，风味也不尽相同。但是，与红葡萄酒和白葡萄酒一样，优质桃红葡萄酒也必须具有自己独特的风格和个性，而且其感官特性更接近于白葡萄酒。因此，优质桃红葡萄酒一般都具备这些特点：漂亮的颜色；丰富的花香和新鲜水果的香气；足够高的酸度带来的清爽的口感；甜、酸、酒精度等应与其他成分相平衡，圆润饱满；余味持久，满口留香。

多数桃红葡萄酒需用红葡萄酒的原料品种，以获得其所需的相应的单宁和颜色。而且，桃红葡萄酒的外观比红葡萄酒和白葡萄酒的外观在品尝过程中所起的作用更为重要。

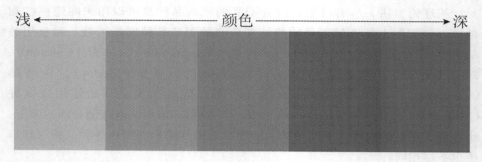

图 8-2　不同颜色的桃红葡萄酒的香气特点

 ## 第二节　放血法与短期浸渍法

一、放血法

放血法是一种最常见的桃红葡萄酒酿造方法，简单来说，"放血法"是指酒庄在酿造红葡萄酒时，经冷浸渍处理后将一部分葡萄汁排出，并对这部分葡萄汁按照白葡萄酒的酿造工艺来酿造的葡萄酒。其目的主要是为了生产更加优质的红葡萄酒，很多以酿造红葡萄酒为主的酒庄，会采用这种酿造工艺来生产桃红葡萄酒，而这些桃红葡萄酒只是他们生产过程中的副产品。

（一）工艺流程图

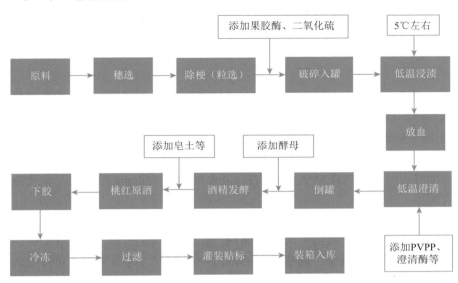

图 8-3　放血法桃红葡萄酒工艺流程图

（二）酿造原理

放血法酿造原理是在红葡萄酒除梗破碎入发酵罐以后的冷浸渍阶段，在浸渍出一定的颜色后，便将葡萄汁从带葡萄醪的发酵罐中提前分离出一部分。由于短时间的与葡萄皮的接触，在浸渍的作用下，这时的葡萄汁已经开始呈现出粉红的颜色，因此被酿酒师形象地称为"放血"。用这部分粉色的副产品葡萄汁按照白葡萄酒的方法进行低温发酵便是桃红葡萄酒了。

之所以说它是副产品，是因为这种工艺的主要目的是提高红葡萄酒的品质。"放血"减少了发酵罐中葡萄汁的含量，相当于提高了葡萄皮的比例，在一定程度上增强了浸渍作用，从而提高了红葡萄酒中单宁和酚类物质的含量，达到提升红葡萄酒品质的目的。

（三）工艺关键点解读

1.低温浸渍

低温浸渍的作用是提高葡萄酒的香气，使桃红葡萄酒香气突出，口感柔顺，一般温度在 5℃。

2."放血"时间点

主要根据果汁的颜色和浸出的单宁量来确定何时"放血"，一般来说，葡萄入罐后，浸渍 2~8 小时即可，颜色浅的葡萄品种可适当延长浸渍时间。

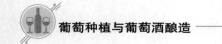

3. 低温澄清

在"放血"葡萄汁入罐 30% 时，将发酵罐开启制冷，满罐后进行一次循环，在循环的过程中添加 PVPP 和澄清酶，主要目的是去除果汁中的单宁，改善口感。

4. 酒精发酵

对于桃红葡萄酒来说，发酵温度一般控制在 14~16℃，此阶段需要严格地控制发酵温度，每天监测温度和比重的变化。在酒精发酵启动后，需添加 Na 基皂土，来吸附果汁中的蛋白，防止桃红葡萄酒的氧化和色变。如果酿造甜型酒，在接近目标发酵终点时要结合比重和还原糖含量检测综合判断，在接近发酵终点时，迅速降温至 0℃左右，并添加 100~150ppm 浓度的二氧化硫终止发酵。

5. 下胶

桃红葡萄酒的下胶剂一般有酶制剂、壳聚糖、皂土等，其中最常用的就是皂土，皂土带负电荷，葡萄酒中的蛋白带正电荷，这些带正电和负电的悬浮状粒子相互结合絮凝，形成沉淀和胶泥，从而得到葡萄酒的热稳定性。这里需要注意的是在下胶的过程中，一部分色素也会随着蛋白的絮凝而沉淀下来，所以在前期浸渍的时候需要考虑到这一点。对于一些下胶困难的酒，需要使用酶制剂和皂土相结合下胶，这里需要注意的是，酶制剂也是蛋白，不能与皂土同时使用，需要在酶制剂作用完成之后再添加皂土，一般间隔 8 小时以上即可。

由于这种方法并不是以生产桃红葡萄酒为主，所以每年的产量也就不会太高，而如果是在好的年份，酒庄也不会舍得将葡萄汁"放血"来酿造桃红葡萄酒。因为作为一种副产品，酒庄的售价一般也都不会太高。放血法是目前最常见的桃红葡萄酒酿造方法，在法国的波尔多（Bordeaux）产区，酿造桃红葡萄酒大多会采用放血法，对于一些专门酿造桃红葡萄酒的酒庄来说，由于产量受限，一般不会采取这种酿造工艺。

二、短期浸渍法

这种桃红葡萄酒的酿造工艺是在放血法的基础上演变出来的专门用于生产桃红葡萄酒的一种方法，是目前桃红葡萄酒最主要的酿造方法之一。与放血法工艺非常接近，同样是从处于冷浸渍阶段的红葡萄醪中将粉色的葡萄汁取出，并清汁发酵。其主要区别在于，放血法只取部分葡萄汁，毕竟留在罐中带皮的部分才是主角；而低温短浸渍法则要"榨干"罐中的粉色葡萄汁，完全取净。

（一）工艺流程图

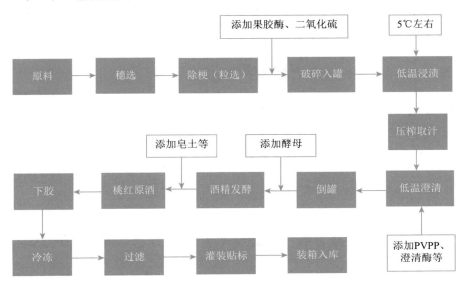

图8-4　低温短浸渍法桃红葡萄酒工艺流程图

（二）工艺关键点解读

工艺关键点参考"放血法"。

从其酿造过程我们不难看出，这种方法专门用于桃红葡萄酒的酿造，并不出产红葡萄酒。虽然从工序上讲并不比放血法多，但仅为了提取部分颜色而执行了葡萄入罐、浸渍和出罐的工序，也实在称得上有点麻烦。于是就有了下面的直接压榨法。

 第三节　直接压榨法

简单地说，直接压榨法就是将采收来的红葡萄不经浸渍阶段直接压榨，以取得粉色色调的葡萄汁。其实，就是在用白葡萄酒的酿造工艺来发酵红葡萄。

一、工艺流程

（一）工艺流程图

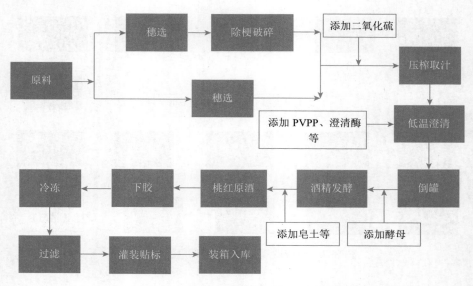

图8-5　直接压榨法桃红葡萄酒工艺流程图

（二）工艺关键点解读

图8-6　直接压榨法发酵的
桃红葡萄酒

1. 前处理阶段

（1）整穗入气囊压榨机进行压榨取汁，这种处理方式适用于颜色较深的葡萄原料，直接进行压榨就能够使果汁带有一定的颜色。

（2）葡萄经除梗破碎后再进入气囊压榨机进行压榨取汁，这种处理方式适用于颜色较浅的葡萄原料，通过对葡萄进行破碎后，可以使果皮中更多的颜色溶出，同时还可以降低果梗对颜色的吸附作用。

2. 压榨取汁

注意控制压榨机的压力，压榨过度会使葡萄果梗和籽中的粗糙的单宁进入葡萄汁中，影响口感。

其他工艺关键点参考"放血法"。

对于那些天然色素不太丰富的红葡萄品种来讲，用这种方法酿造出来的就是白葡萄酒，比如那些用黑比诺等红色品种酿造的"黑中白"。但对于那些天然色素含量较高的红葡萄品种，如赤霞珠、马瑟兰、西拉、紫大夫、美乐等，不必经过专门的浸渍过程，直接压榨便能得到粉色的葡萄汁，只不过颜色通常呈现橘粉色或者浅粉色。

二、酒款解析示例

（一）葡萄酒名称

停云笑春风甜型桃红葡萄酒。

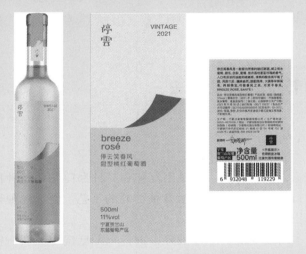

图 8-7　停云笑春风甜型桃红葡萄酒酒标

（二）葡萄信息

（1）葡萄品种：玫瑰香、美乐。

（2）初始指标：糖 245g/L，酸 7.9g/L。

（3）采收时间为 2021 年 9 月，亩产量 400kg，树龄 15 年。

（4）风土：宁夏贺兰山东麓产区（37°43′N 至 39°23′N、105°45′E 至 106°47′E）属典型的温带大陆性气候。全年日照 2851~3106 小时，日较差大，平均为 12.5℃；年降水量 148.7~228.1mm，多集中在夏季；无霜期 160~190 天；干燥度大于 3.5。土壤含砾石、沙粒，主要为灰钙土和淡灰钙土。

停云酒庄笑春风的葡萄园位于青铜峡产区的甘城子，青铜峡产区位于贺兰山脉的末端，土壤以灰钙土为主，矿物质丰富，微量元素含量高。土壤中含有较多的砂质，透水性好。

（三）葡萄酒信息

（1）基本信息：2021 年，甜型桃红葡萄酒，500mL，11%vol。

（2）酒评：呈淡桃花色，是一款极为芳香的桃红甜酒。闻之有水蜜桃、甜瓜、白梨、蜜橘、些许荔枝甚至玫瑰的香气，入口有淡淡的油脂和咀嚼感，清爽的酸完美平衡了甜，风韵十足、趣味盎然。搭配烧烤、火锅等辛辣菜肴，两相得宜。

（四）酿造工艺记录

100% 人工采摘，采用直接压榨法进行酿造，气囊轻柔整串压榨，全程干冰保护，低温澄清；清汁接种丹麦非酿酒酵母、意大利酿酒酵母联合控温发酵，低温发酵 28 天。

第四节　混合发酵法

一、混合发酵法概念

混合发酵法，顾名思义，就是用红葡萄品种和白葡萄品种按照一定的比例混合后再进行发酵的一种酿造桃红葡萄酒的工艺。红、白葡萄混合发酵常见的操作可以分为以下三种。

（1）将红、白葡萄混合除梗破碎，进行短期低温浸渍后压榨取汁，混合清汁发酵后获得桃红葡萄酒。低温浸渍的时间和红、白葡萄的混合比例可以根据红葡萄品种颜色深浅、各自品种特点和酿造风格进行合理配比。

（2）将红、白葡萄各自压榨取汁，清汁混合发酵。这种方式便于较为精准地控制混合比例，且解决不同品种成熟期不一致的问题。混合的红葡萄汁可以是短期浸渍后的，也可以是直接压榨后就带有颜色的清汁。

（3）红、白葡萄品种混合后带皮进行发酵，为控制颜色和单宁等物质的含量，通常红葡萄品种加入比例要远小于白葡萄品种。另外，为了减少葡萄皮对桃红葡萄酒的影响，可以选择用白葡萄汁和带皮的红葡萄品种进行混合发酵。在澳大利亚一些地区桃红葡萄酒就是采用带皮混酿工艺酿造的。

二、混合发酵法工艺流程

采用混合发酵法酿造桃红葡萄酒的工艺流程见图8-8。

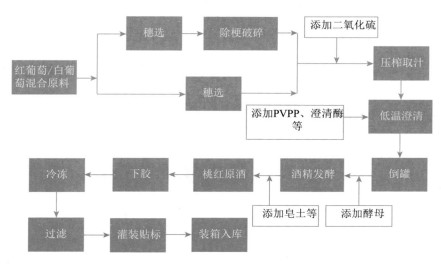

图8-8　混合清汁发酵桃红葡萄酒工艺流程图

第五节　调配法

一、调配法

调配法应该是大部分人对于桃红葡萄酒的一种认知，就是我们常说的"桃红葡萄酒＝白葡萄酒＋红葡萄酒"。这种工艺看似很简单，其实则不然，因为红葡萄酒和白葡萄酒风格差异很大，直接调配虽然可调出漂亮的颜色，但香气和口感上不易协调。这里所选择的红葡萄酒对葡萄品种特性和发酵工艺都有一些要求，需要选择颜色亮丽、花果香浓郁、口感清爽柔和、单宁含量低的新鲜型红葡萄酒，再与白葡萄酒（这里最好选择芳香型白葡萄酒）或者浅色的桃红葡萄酒进行调配。具体的调配比例，需要酿酒师根据目标产品的颜色、风格特点来把控完成。

调配法酿造工艺在很多新世界的国家被用来生产大批量的低价桃红葡萄

酒，这些葡萄酒一般果味非常浓郁，简单易饮，很受消费者的喜爱。但是在一些传统的葡萄酒产区，这种调配法是不允许使用的。

二、工艺流程

调配法工艺流程见下图。

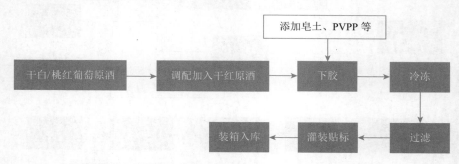

图 8-9 调配法桃红葡萄酒工艺流程图

✐思考与练习

1. 桃红葡萄酒有哪些类型？

2. 有很多鲜食葡萄香气特点突出，可以使用鲜食葡萄来酿造桃红葡萄酒吗？请说明理由。

3. 结合前面所学习的葡萄种植部分的知识，阐述一下，在宁夏贺兰山东麓产区和山东蓬莱产区酿造桃红葡萄酒分别需要注意什么？请说明理由。

4. 设计一个桃红葡萄酒的消费场景，并搭配至少 1 种创意饮用方式。

课外拓展：桃红葡萄酒简易酿造小实验

第九章
白葡萄酒的酿造

本章导读

　　本章介绍了三类干白葡萄酒的酿造方法，包括新鲜易饮型、橡木桶发酵酒泥陈酿型、橙酒的酿造，对酿造干白的关键工艺点、方法的定义、工艺流程和此工艺对应的酒款风格进行介绍。章节最后安排简易发酵小实验，方便学生进行实操练习，增加对工艺的理解。

　　白葡萄酒是葡萄酒中一个大的类别，学习这一章需要充分理解酿造工艺和酒款风格之间的联系，做到融会贯通。

思维导图

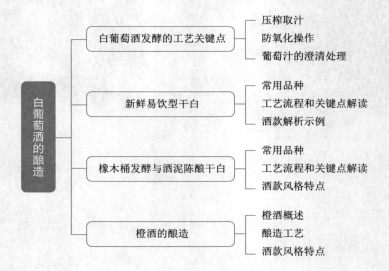

白葡萄酒的酿造
- 白葡萄酒发酵的工艺关键点
  - 压榨取汁
  - 防氧化操作
  - 葡萄汁的澄清处理
- 新鲜易饮型干白
  - 常用品种
  - 工艺流程和关键点解读
  - 酒款解析示例
- 橡木桶发酵与酒泥陈酿干白
  - 常用品种
  - 工艺流程和关键点解读
  - 酒款风格特点
- 橙酒的酿造
  - 橙酒概述
  - 酿造工艺
  - 酒款风格特点

学习目标

1. 掌握白葡萄酒发酵的一般流程；
2. 理解不同酿造工艺与白葡萄酒最终风格的关系；
3. 理解并比较白葡萄酒酿造与红葡萄酒酿造的联系与区别；
4. 学会运用所学知识推介不同类型的白葡萄酒。

第一节　白葡萄酒发酵的工艺关键点

　　白葡萄酒和红葡萄酒酿造最大的区别在于：白葡萄酒一般清汁发酵，红葡萄酒一般带皮渣一起发酵。所以白葡萄酒的酿造可以用白色酿酒葡萄，也可以用红皮白肉的葡萄去皮取汁发酵。由于白葡萄酒酿造清汁发酵的特点，其对氧的抵抗能力较弱，汁子的浊度也会对白葡萄酒的香气产生较大影响。所以在白葡萄酒酿造过程中，压榨取汁、防氧化操作、澄清处理等都是工艺的关键点。

一、压榨取汁

（一）篮式压榨

　　篮式压榨机如图 9-1 所示，将葡萄放置于筐内，顶部的压力盘向下挤压，汁液通过外圈筛网流出，汇集到下方，打开阀门方可收集。关于篮式压榨机的使用可以在第七章中扫码观看视频。整体上篮式压榨机的压榨力度较大，酚类物质压出量高，压榨时间长，效率低，特别需要防控氧化问题，一般白葡萄酒的酿造较少选择这种压榨方式。

　　但是对于冰酒的酿造来讲，用篮式压榨则有优势：可带果梗整串压榨，压榨时间长，汁液流通路径和时间变长，风味物质更容易浸出；并且整个过程温度较低，

图 9-1　篮式压榨机

不必过于担心氧化问题。也有很多做小批量高质量干白葡萄酒的酿造商会选择篮式压榨机，选择的原因和酿造冰酒时类似。压榨时间长，可萃取到更多的风味物质，以及葡萄梗的通路作用，皮渣对汁子的过滤作用等，促使篮式压榨机成为小批量高质量干白酿造时的选择。

　　另外需要注意的是，具体压榨方式的选择应该考虑葡萄品种的特点，不同品种的葡萄在破碎或浸渍过程中酚类物质的含量差别较大，例如长相思中类黄酮极少，雷司令、赛美蓉、霞多丽葡萄汁含量中等，而麝香葡萄、鸽笼

白等浸提出来的酚类物质含量极大，容易引起褐变。所以单纯地为避免氧化而选择压榨方式以及缩短压榨时间和力度的做法不可取，首先要考虑的还是葡萄的风味。

（二）气囊压榨

很多白葡萄酒的压榨取汁会选择气囊压榨机，用气囊压榨机压榨的优点如下：

图9-2　气囊压榨机　　　　　　　图9-3　气囊压榨后的皮渣

（1）压榨轻柔，减少酚类物质的含量，减少氧化风险，同时汁子较清。

（2）效率高：处理量较大，时间短（根据气囊压榨机的容积而定），压榨较充分。

（3）省力：相比篮式压榨，气囊压榨的装料出料所需人工较少，压榨过程也有多种程序可选，整个压榨过程相对省力。

（4）防氧化：除压榨轻柔外，压榨空间相对密闭，在压榨过程中还可充入惰性气体对葡萄汁进行防氧化保护。

除上述优点外，使用气囊压榨机也有其自身的局限性，比如压榨时间短，很多风味物质的浸提过少；如果操作不当，汁子的浊度也会较高。所以具体采用哪种压榨方式，需要针对品种特点等做考量，同时要熟练掌握设备的构造、原理和性能。同时在只有一种设备的情况下，也可以改变操作中的细节来达成我们的工艺目标，比如在气囊压榨机内封闭一定时间可以使汁子获取一定的香气。

二、防氧化操作

葡萄汁的氧化机理：氧化底物（主要为多酚类物质）和氧气在多酚氧化

酶（络氨酸酶＋漆酶）的作用下生成氧化产物。所以可以通过减少氧化底物（酚类物质）、减少氧气含量以及抑制多酚氧化酶的活性来减少葡萄汁的氧化。以下相关操作具体针对这三方面进行。

（一）轻柔压榨

白葡萄汁中的多酚物质主要来自于对葡萄皮的破碎和对葡萄的压榨，因此取汁过程越轻柔，从葡萄果肉和果皮中释放出来的多酚物质就越少，氧化底物减少（酚类物质 10% 存于果肉、30% 存于葡萄皮、60% 存于葡萄籽中），所以比较轻柔的气囊压榨成为多数时候的选择。但是对于在压榨过程中本身酚类物质含量浸出比较低的品种，可以根据葡萄风味做选择和调整压榨方式和压榨时机。

（二）充入惰性气体

在操作过程中，充入惰性气体对葡萄汁进行保护，减少其与氧气接触从而达到防氧化的目的。惰性气体可以选择氮气或者干冰。相对来讲干冰是比较合适的选择，因其既能隔绝空气又能起到降温的作用。

（三）温度——低温降低酶活性

对葡萄汁进行低温处理可以降低多酚氧化酶的活性，多酚氧化酶在 30℃时其活性是在 12℃时候的 3 倍。可以用干冰对葡萄进行降温，或者在入罐之前结合冷媒循环系统提前对罐体做降温处理。

（四）二氧化硫

二氧化硫对防氧化的作用主要是游离二氧化硫对络氨酸酶活性的破坏作用，但是漆酶对二氧化硫的抗性较强，所以二氧化硫的防氧化效果也是比较有限的。

图 9-4　用干冰降温

（五）其他

可以加入抗坏血酸，采取热处理、澄清处理等工艺。

三、葡萄汁的澄清处理

（一）澄清目的

（1）去除葡萄汁内的劣质酚类物质，否则不仅会加速葡萄汁的氧化，也会影响香气和口感。

（2）澄清也能去除原来在果肉和果皮上面的多数氧化酶，尤其是漆酶，减少氧化风险。

（3）葡萄汁的澄清度对香气的影响较大，尤其是香气的纯净度。对于酿造白葡萄酒，一般浊度在 100~200NTU 为宜。浊度过低也会限制酵母的生长，当浊度低于 60NTU 时，会使得葡萄汁缺乏酵母代谢所需的营养元素，抑制酒精发酵。因此浊度最好不要低于 60NTU。

图 9-5　发酵结束后尚未澄清的白葡萄酒

（二）澄清措施

1. 自然沉降

自然沉降利用重力原理，一些需要沉淀的物质分子量比较大，受到重力作用的影响更大，另外低温可以加速沉降速度。所以一般 8~10℃低温沉降 10~20 小时，具体时间根据原汁浊度和罐的大小形状有所不同。

2. 下胶

下胶是效率较高的澄清的方式，其原理是下胶材料与被沉淀的底物结合形成大分子，再由于重力原理迅速下沉到罐底。常用的下胶剂有 PVPP、明胶、酪蛋白、皂土等。

3. 离心

离心机利用离心原理将大分子量的杂质与清汁分离，但是离心机需要定期停机去除沉淀，因此最好不要用于过于浑浊汁子的澄清，现在主要用于下胶后葡萄酒的澄清。

4. 错流过滤

错流过滤的原理是利用被过滤液在过滤介质表面形成强烈湍流效果，只有小部分滤液可以透过介质。由于被过滤液不断进入带走杂质，因此不会形成堵塞。

5. 浮选工艺

浮选技术是充入惰性气体与下胶两种技术的结合，惰性气体和下胶材料同时进入罐中，且从罐下方进行操作，下胶材料吸附杂质形成大分子被惰性气体从罐底吹拂到液面上方，之后将浮选杂质与清汁分离。

第二节 新鲜易饮型干白

一、常用品种

一些芳香品种常用来酿造新鲜易饮型干白，有时候也会保留部分糖度酿造甜型酒。为了避免混乱，这里对非干型白葡萄酒不再做过多解释。

市面上常见的干白葡萄酒的品种有长相思、灰比诺、雷司令、霞多丽、赛美蓉等。

二、工艺流程和关键点解读

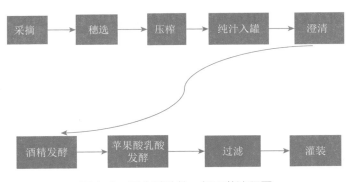

图9-6 干白酿造的一般工艺流程图

由于白葡萄酒的酿造是清汁发酵，葡萄酒中几乎很少存在单宁等成分，所以不会有"苦涩"的感觉，最终酒款的风格和品种、工艺等很多因素有关。

1. 采摘

采摘白葡萄相对要更为小心，一般会选择在清晨或者傍晚温度比较低时采收，且处理比较精细。舍得投入成本的酒庄，会在采摘时便使用干冰进行降温和防氧化保护。采摘过程中应保持果粒的完整性，避免破碎后葡萄汁流出，造成氧化和杂菌繁殖。

2. 其他工艺细节

在工艺过程中影响比较大的几个步骤如压榨取汁、温度控制、防氧化操作等，我们在第一节已经做了比较详细的介绍。这里再补充一些更为细节化的操作，根据酿造原料和目标的不同，工艺上仍然会有很多细小的差别。

（1）压榨时葡萄状态的选择：①整串压榨可节省时间，果梗形成通路方便汁液流出，适用于果梗较为成熟，或者综合考虑后果梗是较小影响因素的情况；②除梗后单独压榨葡萄果粒可以最大限度解决生青果梗对葡萄汁的影响；③若要从葡萄皮中获取更多的风味物质，可以在除梗破碎后进行短期冷浸渍后再皮渣分离、压榨后进行纯汁发酵。

（2）温度控制：白葡萄酒酿造整体的发酵温度比红葡萄酒的发酵温度低，一方面是因为温度高氧化酶活性增高，增加氧化风险；另一方面是低温有利于控制发酵速度，使得最终的白葡萄酒获得比较优雅的香气。一般干白葡萄酒的发酵温度不超过 20℃。

3. 苹果酸乳酸发酵

苹果酸乳酸发酵在干红葡萄酒中较为常见，主要作用是将口感尖锐的苹果酸转化为圆润的乳酸，以及提高生物稳定性。但是在白葡萄酒中，一定的酸度可以使得葡萄酒保持新鲜的活力，所以很多时候白葡萄酒的酿造选择不进行苹果酸乳酸发酵。具体酿酒师会根据产品特点进行工艺选择。

三、酒款解析示例

图 9-7 干白葡萄酒酒标

（一）葡萄酒名称

停云维欧尼自然干白葡萄酒。

（二）葡萄信息

（1）葡萄品种：维欧尼 100%。

（2）初始指标：糖 240g/L、酸 7.3g/L。

（3）采收时间为 2021 年 9 月，亩产量 350kg，树龄 11 年。

（4）风土：宁夏贺兰山东麓产区（37°43′N 至 39°05′N、105°45′E 至 106°27′E）属典型的温带大陆性气候。全年日照 2851~3106 小时，日较差大，平均为 12.5℃；年降水量 148.7~228.1 mm，多集中在夏季；无霜期 160~190 天；干燥度大于 3.5。土壤含砾石、沙粒，主要为灰钙土和淡灰钙土。

停云酒庄维欧尼的葡萄园位于贺兰产区的金山国际试验区，在贺兰山苏峪口北侧，为贺兰山洪积扇地貌。土壤类型为重砾石及沙石土壤，越靠近山脚，砾石越大、越多。

（三）葡萄酒信息

（1）基本信息：2021 年，干型，750mL，13.8%vol。

（2）酒评：呈浅禾秆黄色，具有杏子、水蜜桃、橙皮、蜜饯、核果等香气，酒体圆润，酸度适中，浑然天成。

（四）酿造工艺记录

100% 人工采摘，3~5℃ 低温浸渍 48 小时，气囊柔性压榨取清汁。野生酵母自然发酵，最低限度人工干预，还原独特风土。带酒泥橡木桶柔化 6 个月，人工倒桶免过滤，无二氧化硫添加。

第三节　橡木桶发酵与酒泥陈酿干白

一、常用品种

并不是所有的白葡萄品种都适合采用橡木桶发酵或者陈酿。对于长相思（Sauvignon Blanc）、雷司令（Riesling）、琼瑶浆（Gewürztraminer）、麝香（Muscat）等芳香性品种，橡木味反而会掩盖其品种香气，且很难与葡萄酒中的香气融合，所以在酿造工艺中很少选择使用橡木桶。

一般非芳香性酿酒葡萄品种如霞多丽（Chardonnay）、赛美蓉（Sémillon）等会选择使用橡木桶发酵或陈酿。美国的很多霞多丽白葡萄酒在酿造工艺中会选择使用橡木桶。

二、工艺流程和关键点解读

橡木桶发酵干白葡萄酒，一般流程如图 9-8 所示，但是实际操作过程中仍有各种不同的细节处理，并最终影响葡萄酒的风格特点。

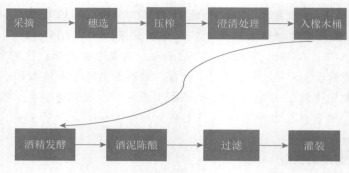

图 9-8　橡木桶发酵干白葡萄酒流程图

1. 短期浸渍泡皮

压榨之前的操作不再赘述，同样的压榨后为了获得皮内更多的香气也可以选择带皮短期浸渍 12~20 小时，温度控制在 10~15℃，在较好地去除氧气的条件下，这个时间和温度可以较好地获得所需的品种香气，又不至于过多地浸提出里面的酚类物质。由于浸渍过程中果胶酶的作用，会使得后续的压榨变容易些。后续根据汁子的澄清度选择是否需要澄清后入橡木桶发酵。

2. 罐内短期发酵后入桶

有的酿酒师会选择澄清倒罐后接种酵母 24 小时再倒入橡木桶中进行发酵，避免日后白葡萄酒中橡木味占主导。澄清处理过程中对细腻渣子的取舍，也会对最终葡萄酒的香气有一定的影响。

3. 橡木桶发酵

与橡木桶陈酿相比，橡木桶发酵过程中橡木的成分直接在发酵阶段进入葡萄汁，可以参与葡萄酒的代谢。所以橡木桶发酵可以将橡木香气更好地融合到酒中，并对葡萄酒的结构产生重要影响。与不锈钢发酵相比，橡木桶发酵的容积小，发酵温度不可控，前面我们讲过，橡木桶的纹理、烘烤度、产地、新旧、大小等都会对葡萄酒产生影响，一般酿酒师会偏爱用中度烘烤细纹理的桶。

（1）容积小：橡木桶发酵的容积一般比较小，常用的橡木桶容积为 225L，也有比较大的橡木发酵罐，容积越小，与葡萄酒接触的面积占比其实越大，影响也就越大。一般橡木桶发酵只用于小批量生产。旧桶相对来讲对酒液的影响较小，如果选择大型的旧橡木桶，酿酒师的目的更多地是想利用其微氧化作用提高葡萄酒的复杂度和质感，又不过多地增加橡木风味而掩盖品种香气。

（2）发酵温度不可控：不锈钢罐可以通过罐体外层的冷媒循环降温，也可循环热水升温，对于橡木桶温度控制就比较难实现。但是现在也有比较大的橡木发酵罐，形状同不锈钢的发酵罐类似，在内部可以装盘管类的温控系统，小桶只能考虑控制环境温度。

图 9-9　橡木桶发酵罐

三、酒款风格特点

橡木桶对葡萄酒的影响主要在三个方面：增强酒液的颜色，增加香气和风味的复杂性，提升口感和陈年潜力。所以整体来讲，用橡木桶发酵和陈酿的白葡萄酒颜色更深，酒体更为饱满，风味更复杂。

相对于红葡萄酒来讲，橡木桶对白葡萄酒的颜色影响更为明显，在橡木桶中发酵和陈酿会使得白葡萄酒的颜色变深，带有更多的金色色调。

使用橡木桶发酵和陈酿会给酒液带来更多的橡木风味，新桶更为明显。使用橡木桶发酵，这些物质参与代谢过程，可以赋予酒液不同的风味。以霞多丽为例，使用美国桶，可以赋予霞多丽更多太妃糖和爆米花的风味，法国桶则会给霞多丽带来更多的坚果和烘烤的风味。

另外橡木桶微透氧的环境，使得氧气与酒液反应带来更多的氧化风味，例如杏仁、核桃等坚果风味和巧克力、咖啡、太妃糖等香气，口感也变得更为柔顺。酒精发酵结束以后，酵母下沉后发生自溶，酵母自溶后释放甘露糖蛋白等物质，可以进一步提升酒体和口感。带酒泥陈酿在传统法酿造起泡酒中应用广泛，在赋予酒液质地、提升酒体的同时，还会给酒液带来面包、奶酪、饼干等酵母风味。

第四节　橙酒的酿造

一、橙酒概述

橙酒不是橙子酒，而是白葡萄酒的一种，因颜色呈现橙色而得名。橙酒（Orange Wine）一词最早由葡萄酒进口商大卫·哈维（David Harvey）在 2004 年提出，由西蒙·伍尔夫（Simon Woolf）在葡萄酒杂志《醇鉴》（*Decanter*）上发表的一篇名为《琥珀革命：世界如何爱上橙酒》（*Amber Revolution:How the World Learned to Love Orange Wine*）的文章，让全世界知晓。现在很多葡萄酒爱好者更愿意称其为橘酒，也有琥珀色酒（Amber Wine）、浸皮白葡萄酒（Skin-contact White Wine）、铜色酒（Ramato Wine）的叫法。

橙酒是白葡萄酒的一种，但是和一般酿造白葡萄酒的工艺有很大不同，一般白葡萄酒是清汁发酵，而橙酒是带皮渣进行发酵。概括来说就是用酿造红葡萄酒的工艺来酿造白葡萄酒。其酿造方式最早可追溯到 5000 年前的高加索地区（黑海与里海之间），当时人们用陶罐进行酿酒，密封后埋于地下。现在酿造橙酒最有名的当属意大利，意大利酿酒师乔斯科·格拉夫纳（Joško Gravner）被认为是现代橙酒之父，同时他也是生物动力法的推崇者，很多时候橙酒和有机葡萄酒挂钩和酿酒师推崇自然的酿造方式密不可分，但是千万不要混淆橙酒（Orange Wine）和有机葡萄酒（Organic Wine）。近年来，在人们追求健康的趋势下，橙酒成为很多餐厅的爆款。

二、酿造工艺

最早格鲁吉亚人用陶罐进行酿酒，将白葡萄破碎后装入陶罐中，并且用蜂蜡把陶罐密封后埋在地下，利用地下凉爽的条件进行温度调节。由于葡萄汁与葡萄皮保持了较长时间的浸渍接触，尤其是其葡萄籽中木质素的作用，有时候也有部分微氧化的作用，使得最终酿造的葡萄酒呈现橙黄色，这便是橙酒的前身。

（一）橙酒酿造的独特之处

部分橙酒的酿造和其他很多酒款相比，独特之处在于发酵容器的选择、自然的酿造方式、长时间浸皮。

在橙酒的酿造工艺中，很多酒庄选择用大陶罐浸渍并发酵。将整串的白葡萄装入埋在地下的陶罐中，利用天然地温进行调节，从几天到长达数月的浸皮，天然酵母发酵，除微量二氧化硫外，不额外添加其他物质，发酵结束后也不做人为的澄清处理。除此之外酿酒师也会使用橡木桶浸渍、发酵、陈酿橙酒，以及采用不锈钢发酵罐等设备和与一般干红葡萄酒的工艺流程相似的方式。

根据原料和成酒风格的不同，酿酒师在工艺的细节处理上有所差别。例如在浸渍时间上，少则几天，多则数月甚至超过一年，也因此会产生不同类型和风格的橙酒。一般浸渍的时间越长，浸取的单宁、颜色和风味物质越多，复杂度越高。

（二）橙酒酿造的挑战

橙酒酿造工艺上的三大挑战和可能存在的缺陷：挥发酸含量过高、酒香酵母的污染以及一些鼠味的产生。由于很多橙酒的酿造采用更为自然的方式，浸渍时间过长，发酵容器和环境中存在微生物的潜在风险，操作不当等，很容易带来上述问题。

三、酒款风格特点

由于橙酒带皮发酵的工艺，酒款通常有明显的单宁感，酒液颜色更深，酒体更饱满，风味层次更加丰富。橙酒多遵循自然酿造的方式，最终不做过滤处理，很多酒款较为浑浊。

根据品种和酿造工艺的不同，尤其是浸渍时间的差别，橙酒也有多种风格。

（一）口感轻盈、清新的橙酒

长相思、意大利小众品种富莱诺（Friulano）这些半芳香性品种，通过1周左右的浸皮，从而获得口感轻盈又带有清新花香的橙酒。这类酒的颜色一般较浅，单宁含量不高，整体更像是一般白葡萄酒的风格。这类橙酒在澳大利亚、新西兰、南非一些新酒庄酿造得较为成熟。

（二）浓郁芳香型橙酒

麝香葡萄、琼瑶浆等芳香性葡萄品种，经过1周左右的短期浸皮发酵，可以获得较为浓郁的香气，同时没有过高的单宁。

（三）质地柔软、酒体中等的橙酒

这类的橙酒一般经过2~3周的浸皮发酵，以霞多丽、白玉霓为主的橙酒很多属于此种风格。

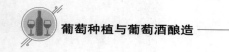

（四）酒体饱满、单宁高、具有陈年潜力的橙酒

这类橙酒一般经过一个月甚至更长时间的浸皮发酵，在一些厚皮的白色葡萄品种中较为常见。意大利古老品种丽波拉盖拉（Ribolla Gialla）等采用此工艺，这类橙酒和红葡萄酒的风格接近，且很多需要瓶中陈年。

（五）优雅、细致、复杂度高的橙酒

这类橙酒一般至少要经过 6 个月时间的浸皮，且要获得优雅细致的口感，还应该熟练地使用陶罐、混凝土蛋形罐等，轻柔地萃取皮内成分。

（六）粉红橙酒与起泡橙酒

灰比诺粉皮的白色葡萄品种，经过浸皮发酵后最终酒款看起来更像是桃红葡萄酒。将起泡酒的酿造和白葡萄酒浸皮发酵相结合，不难得到起泡橙酒。意大利的普罗塞克（Prosecco）有酿造橙酒起泡酒的尝试，这类起泡酒带有橙酒的颜色和复杂度。

思考与练习

1. 如何向顾客推荐合适的白葡萄酒？
2. 红葡萄酒和白葡萄酒酿造的区别有哪些？
3. 如何推介一款橙酒？
4. 如果推介美国霞多丽葡萄酒？
5. 本章所介绍的酒款该如何配餐？

课外拓展：干白简易酿造小实验

第十章
起泡葡萄酒的酿造

本章导读

　　本章介绍五种起泡酒的酿造方法，传统法、转移法、查马法、阿斯蒂法、加气法。这些方法呈现逐步简化的趋势，从复杂的瓶内二次发酵、瓶内除渣的传统法到只有瓶内发酵、罐内除渣的转移法；再到罐内二次发酵的查马法，进而简化到只有罐内一次发酵的阿斯蒂法；以及最终通过人工加气生产起泡酒的加气法。随着酿造工艺的不同，酒的特点也随之发生变化。从酒的特点理解其背后支撑的工艺，用更为专业的视角去看待起泡酒。

　　本章讲述葡萄酒中一个大的类别，起泡酒。学习起泡酒的酿造需要充分理解酿造工艺和酒款风格之间的联系，做到融会贯通。

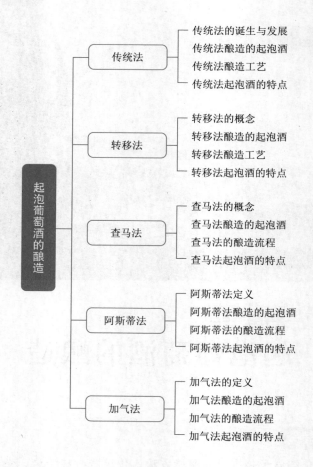

起泡葡萄酒的酿造

传统法
- 传统法的诞生与发展
- 传统法酿造的起泡酒
- 传统法酿造工艺
- 传统法起泡酒的特点

转移法
- 转移法的概念
- 转移法酿造的起泡酒
- 转移法酿造工艺
- 转移法起泡酒的特点

查马法
- 查马法的概念
- 查马法酿造的起泡酒
- 查马法的酿造流程
- 查马法起泡酒的特点

阿斯蒂法
- 阿斯蒂法定义
- 阿斯蒂法酿造的起泡酒
- 阿斯蒂法的酿造流程
- 阿斯蒂法起泡酒的特点

加气法
- 加气法的定义
- 加气法酿造的起泡酒
- 加气法的酿造流程
- 加气法起泡酒的特点

学习目标

1. 熟悉 5 种酿造起泡酒的方法和代表性酒款；
2. 理解酿造工艺对起泡酒风格的影响；
3. 能够运用专业知识准确推介不同类型的起泡酒。

第一节　传统法

一、传统法的诞生与发展

传统法（Traditional method）最初称为香槟法（Méthode Champenoise），用于香槟起泡酒的酿造，包括基酒的酿造（罐内一次发酵）、瓶内二次发酵、转瓶与后熟、除渣与补液等操作。1994 年欧盟规定出台，除香槟以外的起泡酒使用此方法只能称为传统法。

（一）传统法的诞生

1. 法国

起泡酒的发现源于偶然。受酿酒技术的限制，尚未发酵完全的葡萄酒被装入瓶内，当温度回升之后继续在瓶内进行二次发酵产生气泡，产生了最初的起泡酒，现在保留下来的乡村酿造法和其类似。

据说 18 世纪初，法国唐·培里侬（Dom Pérignon）修士发现了瓶内发酵法的奥秘，被称为"香槟之父"。但实际上唐·培里侬修士一生都在致力于研究如何避免瓶内二次发酵，但在此过程中他积累了大量生产高质量起泡酒的经验：品种与气泡多少的关系；不同葡萄园采摘按照一定的比例混合可酿造品质均衡的起泡酒；葡萄的种植与葡萄园的管理对酒品质的影响；以及使用更为坚固的瓶子和橡木塞，减少爆瓶的风险等。

2. 英国

1662 年 12 月 7 日英国克里斯托弗·梅雷特（Christopher Merret）博士向英国皇家学会提交的《关于葡萄酒调整的一些观察》的论文中提到的方法，是现在我们看到的香槟法的雏形，并第一次使用"Sparkling Wine"，比唐·培里侬早了 6 年。

（二）发展

凯歌夫人与酒窖总管安托万德·穆勒（Antoine de Muller）发明了转瓶桌和转瓶工艺，开启了香槟工业化生产的序幕；同时去除了香槟内的沉淀，使其变得澄清，在视觉和口感上有了很大的改善。20 世纪 60 年代转瓶机和在线吐渣和补液的发明更是大大提高了生产效率。

二、传统法酿造的起泡酒

法国香槟（Champagne），克雷芒（Crémant），意大利的弗朗恰柯塔（Franciacorta）、西班牙卡瓦（Cava）、中国宁夏夏桐酒庄和山西怡园酒庄的起泡酒，以及南非标有"Méthode Cap Classique"的起泡酒都是采用传统法酿造的。

三、传统法酿造工艺

传统法酿造起泡酒的步骤包括：基酒（Base Wine）发酵、瓶中二次发酵、转瓶（Riddling）与后熟、除渣（Disgorgement）、补液（Dosage）与调味、等压灌装。

图 10-1 传统法酿造流程图

（一）基酒的发酵

基酒的发酵和酿造干白葡萄酒类似，将葡萄经过轻柔压榨取汁后充分发酵成为基酒。传统法的基酒特点为：干型、高酸、低酒度、非芳香中性风味。

部分选择进行苹果酸乳酸发酵（MLF）以及不同年份的基酒进行调配，保持产品的质量和风格。基酒混合完成之后需要先进行冷稳定，过滤、再装瓶，避免装瓶后有酒石酸结晶。

（二）瓶中二次发酵

瓶中二次发酵最直接的作用是获得二氧化碳（气泡）。瓶中二次发酵的温度一般需要维持在 10~15℃，较低的温度可以减缓二氧化碳产生的速率，防止爆瓶，以及促进二氧化碳的溶解。发酵时间为 4~8 周，定期抽检发酵情况，便于控制后续操作。一般瓶中二次发酵需要人为添加四种物质也称装瓶液（Liqueur de Tirage），使用内部带有承接沉淀的塑料瓶盖的塞子进行封瓶。

1. 酵母

添加酵母作用是启动瓶内二次发酵，二次添加的酵母需要具备耐酒精、良好的絮凝力、耐压性、低氧、高酸等特性，有时候往往和基酒发酵的酵母相同。

2. 糖浆

二次发酵酵母所利用的代谢底物，一般会选择蔗糖，溶解在与基酒相同的酒液中，经过过滤除渣后制成含量高、体积小的糖浆。加糖量的多少与瓶中最终二氧化碳的含量有关，一般 4g 糖可提高约一个大气压。对于酒精度为 10% 左右的基酒来说，一般可添加 24g/L 的糖，这样最终得到压力为 0.60Mpa（6 个大气压）、11.4% 左右的起泡酒（酒精度升高 1 度多）。

3. 酵母助剂

添加酵母的营养助剂可以帮助酵母更好地完成二次发酵，助剂为一些可以提供氮源的物质，添加量一般为 15mg/L。

4. 澄清剂

帮助葡萄酒的澄清，使里面杂质和澄清剂结合成更大的分子而加速沉淀，缩短除渣的时间。澄清剂一般为皂土等，添加量为 0.1~0.5g/L。

（三）转瓶与后熟

酵母在瓶中完成二次发酵后自溶（Yeast Autolysis），释放甘露糖蛋白等物质，酵母其他碎片会在澄清剂的作用下结合沉淀，酒中其他杂质也会发生絮凝，沉淀形成酒泥（Lees）。转瓶的目的是使瓶中的沉淀慢慢集中到瓶口后去除，获得较为澄清的酒液，并终止酒液与酒泥接触时间。转瓶又分为人工转瓶和机械转瓶。

1. 人工转瓶

人工转瓶可以放在 A 形架上进行。每天转动一次，顺时针或者逆时针向着同一个方向转动 1/4 或者 1/8 周，一周转动一圈，需要持续 4~6 周，每个瓶子大约要经历 25 次这样的转动。一名成熟的转瓶工人一天可转 40000 瓶，虽然人工转瓶需要的时间较长，但是一些顶级的起泡酒仍然采用人工转瓶的方法。

图 10-2　盛放起泡酒的 A 形架

2. 机械转瓶

20 世纪 60 年代发明了转瓶机器（Gyropalettes），70 年代被广泛用于西班牙起泡酒的生产。机械转瓶是将酒放在机械的筐内，每个筐大概可以容纳 500 瓶起泡酒。可一次性转动一筐，且不受时间的限制。机械转瓶可以将转瓶时间缩短至一周左右，大大节约了时间、空间和人工成本。

机械转瓶设备在不同国家有不同的名称，在法国称为回转托盘（Gyropalettes），美国叫 VLMs（大型设备），西班牙叫回转锉（Gyrasols）。转瓶时每 30 分钟可急转 90 度，高速有效。

图 10-3　机械转瓶

3. 后熟

转瓶期间，酒液和酒泥接触产生特殊的风味，并产生口感的变化，这个阶段也称为后熟。后熟时间的长短，与基酒的品质有关，需要酿酒师合理判断。少为半年，长则数年。一般接触的时间越长，酵母自溶带来的风味特征就会越明显。

（四）除渣（Disgorgement）

经过转瓶操作，酒泥（Lees）被集中在瓶口，掉入塑料瓶盖内。将酒从架子上取下来，保持倒立垂直状态插入 −20~−12℃ 的盐水中，使得瓶口的沉淀迅速结冰成为长冰塞。在此之前需要将酒的温度先降低到 7℃，这样可以增加二氧化碳的溶解度，减少开瓶后二氧化碳的损失，一般除渣过程会损失 0.01Mpa 的压力（1/10 个大气压）。

1. 人工除渣

冷冻结束后，经验丰富的师傅先将瓶口斜向下，避免瓶口酒泥回流到瓶内，之后用工具将瓶盖打开，开瓶的瞬间残渣喷出，迅速抬起瓶口。

2. 机械除渣

冷冻结束后，可以将瓶口倾斜 45°，将瓶口装入特殊的铜制容器，迅速开塞，利用内部的压力将沉淀喷出。显然机械除渣的效率较高，每小时可处理 2000~18 000 瓶起泡酒。

（五）补液与调味

在除渣的过程中，沉淀被瓶内压力喷出的同时，酒液体积减少，不符合装瓶的要求，所以要进行补液，被补的液体称为 Liqueur d'Expédition。补液一般为同类原酒，另外有些为了平衡口感会加入一定的糖浆以及防腐成分二氧化硫，为了提高酒精度也可添加白兰地。注意此操作要求在 5℃ 左右的低温下进行，可减少二氧化碳损失。

四、传统法起泡酒的特点

传统法酿造的起泡酒有两方面明显的特点。

1. 在气泡上

传统法酿造的起泡酒的气泡细腻而绵密，刚入杯时可看见类似啤酒一样的泡沫，这些泡沫会在比较短的时间内消失，但是从杯底不断上升的细小气泡可以持续很久。

2. 在口感和香气上

瓶内二次发酵和后熟，酒液和酒泥经历了较长时间的接触，酒泥中有酵母自溶释放的甘露糖蛋白等物质，使得酒的口感变得圆润，同时在漫长的后熟过程中会发生酯化

图 10-4　传统法起泡酒

和其他生化反应，使最终的起泡酒有特殊的面包、饼干、烘烤等风味，经过陈年后更为复杂。

整体来说传统法起泡酒的品质主要与两大因素有关：一是基酒的品质，二是与酒泥接触的时间。

 ## 第二节　转移法

一、转移法的概念

转移法（Transfer Method）是传统法的简化，保留瓶中二次发酵及之前的所有工序，省略了转瓶和吐渣工序，转而在大罐内批量除渣，加入调味液后重新装瓶。

二、转移法酿造的起泡酒

一些大瓶的香槟以及想获得高品质起泡酒的酒庄可以采用此方法。澳大利亚 80% 的起泡酒都采用转移法，转移法的起泡酒往往标为 "bottle-

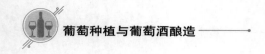

fermented"。采用转移法酿造的起泡酒瓶压和传统法类似，也为 5~7 个标准大气压。

三、转移法酿造工艺

（一）工艺流程

转移法的酿造流程前期和传统法类似，包括基酒的酿造、瓶中二次发酵，瓶中二次发酵后转移到大罐中批量除渣，过滤灌装。瓶中二次发酵后可以后熟一段时间再转移到大罐内，时间长短也是和基酒的质量有关，需要酿酒师合理选择。

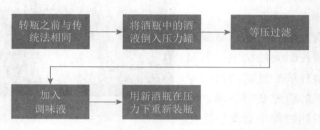

图 10-5　转移法工艺流程图

（二）工艺关键点

（1）装瓶之前与传统法几乎相同，不同之处在于添加的物质相对较少，因为不用瓶内除渣，所以减少了澄清剂和塑料内塞的加入。

（2）转移是将瓶内的酒液重新转移到大罐内进而批量除渣的过程，具体操作是先对酒液进行降温，在等压条件下去除瓶塞，将起泡酒倒入大罐中。此时的大罐需要满足一定的条件：①预先充入二氧化碳或者氮气，让罐内气压略低于瓶内起泡酒的气压，便于瓶内酒液充分流出；②罐要耐压，一般选择耐高压的双层罐；③密封完好；④根据酒液温度，对罐内提前降温。

（3）除渣操作可以配合冷稳一起进行。

（4）除渣结束，品鉴后决定是否对起泡酒进行调味。

（5）等压无菌过滤，装瓶。

四、转移法起泡酒的特点

1. 成本降低

与传统法相比，转移法缩短了除渣的时间，降低了生产成本。用少于传统法的时间和较低的人工成本酿造高品质的起泡酒。

2. 酵母自溶特征减少

省去转瓶等过程，采用罐内除渣，相对减少了与酒泥接触的时间，酵母自溶特征相对减少，使得最终起泡酒的风味和口感也发生相应的改变。

3. 瓶差减少

和传统法相比减少了瓶差，易于保持酒的品质和风格。

4. 缺点

在转移过程中会损失部分风味。

整体来讲，转移法起泡酒用少于传统法的时间和低于传统法的人工成本酿造高品质的起泡酒，仍然保持自溶风味，气泡细腻，口感丰富。

 ## 第三节　查马法

一、查马法的概念

查马法（Charmat Method ）是 1907 年尤金·查玛（Eugene Charmat）发明的，又称罐内二次发酵法（Tank Method），是一种通过罐内二次发酵产生二氧化碳酿造起泡酒的方法。

二、查马法酿造的起泡酒

用查马法酿造的起泡酒占据了起泡酒很大的市场份额，意大利普罗塞克（Prosecco）、意大利蓝布鲁斯科（Lambrusco）和大部分德国和奥地利起泡酒塞克特（Sekt）都用查马法进行酿造，查马法酿造的起泡酒的瓶压常低于瓶内二次发酵法起泡酒，一般为 2~4 个大气压。

虽然这些起泡酒的酿造方法相同，但是选用的酿造品种不同，最终风格也多种多样。

意大利普罗塞克（Prosecco）：葡萄品种主要是格雷拉（Glera）85%，其余的 15% 是当地的其他品种或者是霞多丽等。普罗塞克起泡酒又分为完全起泡酒（Spumante）和轻微起泡酒（Frizzante）

意大利蓝布鲁斯科（Lambrusco）：采用蓝布鲁斯科葡萄酿造，此品种的品系众多，风格多样。不同产区品系有所不同，但是主要品系占比至少在 85%。

德国起泡酒塞克特（Sekt）：主要葡萄品种是雷司令（Riesling），酒精度大于 10%，最少 3.5 个标准大气压。塞克特有明确的质量分级：塞克特、德国塞克特（Deutscher Sekt）、特定产区塞克特（Sekt bestimmter Anbaugebiete，简称 Sekt b. A）、酒庄塞克特（Winzersekt），除此之外还有年份塞克特（Vintage Sekt）、单一园塞克特（Einzellage）等。

德国和奥地利的起泡酒都叫塞克特，德国起泡酒的主要品种是雷司令、灰比诺、白比诺；奥地利的起泡酒主要品种是威尔士雷司令（Welschriesling）和绿维特利纳（Grüner Veltliner）。

图 10-6　起泡酒发酵罐

三、查马法的酿造流程

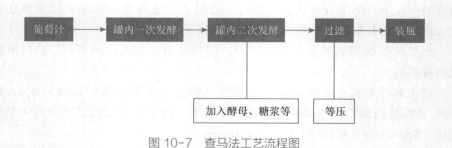

图 10-7　查马法工艺流程图

查马法与其他方法相同的操作这里不再赘述，不同点如下。

（1）可以选择芳香性品种：由于方法的不同，对基酒的要求和品种的选择有一定的差别。由于非瓶内二次发酵和后熟，不会与酒泥长时间接触，所以查马法的基酒不再局限于中性风格，可以选择芳香性品种。

（2）由于可以选择芳香性品种，所以一般不会进行苹果酸乳酸发酵和橡木桶的熟化，以保持酒的酸度以及花香和果香。

（3）基酒发酵完成后转移到耐压的密封罐内进行罐内二次发酵，罐内二次发酵需要加入酵母和糖浆。部分酒为了获得一些酒泥陈酿的风味，可以通过罐内多次搅拌来实现。

四、查马法起泡酒的特点

（1）成本上：查马法省去了瓶内二次发酵等一些操作，进一步降低了生产起泡酒的成本。

（2）口感上和香气上：采用罐内二次发酵的方法，不在瓶中发酵，不与酒泥过多接触，所以不会像传统法和转移法的起泡酒一样有明显的面包和饼干等酵母自溶的风味和圆润的口感，反而较多地保留了葡萄本身的香气和发酵产生的一类香气。

（3）气泡上：由于采用大罐发酵法，其产生的气泡不如香槟的细腻。

（4）风格上：这种起泡酒比较适合在年轻时饮用，酒体轻盈、新鲜，散发果香和花香，通常没有陈年潜力，性价比较高。

 ## 第四节　阿斯蒂法

一、阿斯蒂法定义

阿斯蒂法（Asti Method）是一种只通过罐内一次发酵，获得二氧化碳生产起泡酒的方法。

二、阿斯蒂法酿造的起泡酒

意大利皮埃蒙特（Piemonte）的阿斯蒂（Asti）产区生产的起泡酒通常使用这种方法，葡萄品种一般为小粒白麝香（Muscat Blanc à Petits Grains）。

阿斯蒂起泡酒一般分为两种，莫斯卡托阿斯蒂（Moscato d'Asti）和阿斯蒂（Asti）。莫斯卡托阿斯蒂是微泡起泡酒，所选用的葡萄成熟度更高，但是酿造的酒精度更低，只有 5%~5.5%，约 2.5 个标准大气压，压力低，甜度高。由于是微泡起泡酒所以塞子的选用不必特别耐压，可以选择通用的葡萄酒软木塞。

Asti 高泡酒，酒精度一般在 7%~7.5%，3.5~4 个大气压，有的可能更高，所以选用蘑菇塞封瓶。

三、阿斯蒂法的酿造流程

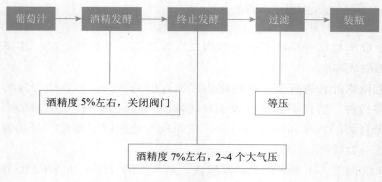

图 10-8　阿斯蒂法流程图

（1）前期和其他酿造基酒的操作类似，轻柔压榨出汁，在耐压罐中接种酵母进行发酵。

（2）酒精度达到 5% 时关闭罐上的阀门，进行密封。开始收集发酵产生的二氧化碳。

（3）酒精度达到 7%（6%~9%），根据需要压力达到 2~4 个大气压，降温终止发酵，保留一定的残糖。

（4）等压过滤、灌装。

四、阿斯蒂法起泡酒的特点

酒精度比较低，一般在 7%，保留一定的残糖，轻松易饮用。没有经过瓶内带酒泥陈酿，保留芳香性品种的香气，花香、果香浓郁，是性价比高的带甜味的起泡酒。

第五节　加气法

一、加气法的定义

本章前四节介绍的四种酿造起泡酒的方法中的二氧化碳都是酵母在将糖转化为酒精的过程中释放的，而加气法是一种往基酒中人工加入二氧化碳制成起泡酒的方法。

二、加气法酿造的起泡酒

用于大批量酿造成本低、入门级别的廉价起泡酒，有点类似汽水的生产。除葡萄起泡酒外，也有很多其他类型的果酒采用此方法酿造。

三、加气法的酿造流程

首先也是发酵生产基酒，然后将基酒经过冷稳处理后，降温至 −4~−3℃，用气酒混合机对酒液进行加气处理，加气完成后还需要在低温下放置48小时，让二氧化碳充分溶解。后续在低温和等压条件下进行灌装。

四、加气法起泡酒的特点

（1）成本低：人工加气法是一种简单廉价的生产起泡酒的方法，大大降低了生产成本，所以售价也较低。

（2）香气和口感：这种类型的起泡酒一般以品种香气为主，口感和香气都比较简单。

（3）气泡：一般气泡比较大而粗糙，在杯中消散的速度比较快。

除上面介绍的常见的酿造起泡酒的方法外，还有乡村法或者自然法和持续法（Continuous Method），乡村法有点类似最初意外发现起泡酒的过程，不做其他添加的瓶内二次发酵和后续装瓶。持续法主要在俄罗斯起泡酒的生产中使用，持续法的特点是每个不同的阶段换到不同的发酵罐中，德国部分地区和葡萄牙少数地区也会使用这种方法。

思考与练习

1. 描述五种起泡酒酿造方法的工艺流程。

2. 说出传统法起泡酒的特点以及工艺联系。

3. 你认为阿斯蒂法与其他更为复杂的方法相比有哪些优势？

第十一章
甜型葡萄酒的酿造

本章导读

　　本章主要介绍三种不同类型的甜型葡萄酒，包括风干葡萄酒、冰葡萄酒和贵腐葡萄酒，三者有共同点，也有各自的独特之处。其中，风干葡萄酒的独特风干工艺、冰葡萄酒的挂枝冷冻工艺、贵腐葡萄酒的贵腐感染条件等内容需要重点理解和掌握。

思维导图

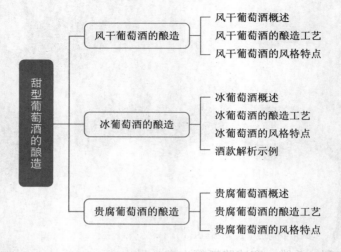

学习目标

1. 掌握不同甜型葡萄酒的酿造流程和工艺关键点；

2. 理解工艺选择与原料特点和产品风格的关系；

3. 能熟练准确地运用所学知识推介不同类型的甜型葡萄酒。

第一节　风干葡萄酒的酿造

一、风干葡萄酒概述

风干葡萄酒是用风干葡萄酿造的。可以将新鲜的葡萄采摘后风干，或者为达到风干的效果采取葡萄迟摘的方式，风干的目的是让葡萄果实脱水，从而达到糖分、风味物质等的浓缩。

葡萄是浆果类果树，果实中的水分含量高达80%以上。自然风干过程大约需要2~4个月，新鲜的葡萄果实经风干过程重量减少30%~40%。残留少数水分的风干葡萄压榨后获得的葡萄汁更加浓稠，糖分含量更高。

用于酿造风干葡萄酒的主要品种有柯维娜（Corvina）、科维诺内（Corvinone）、罗蒂内拉（Rondinella）和莫林纳拉（Molinara）。风干葡萄酒多产自意大利，希腊、塞浦路斯等也有少量生产。在意大利，风干葡萄酒的产区分布主要包括威尼托、意大利南部的普利亚和西西里岛，而尤以威尼托阿玛罗尼地区生产的风干葡萄酒最为著名。

二、风干葡萄酒的酿造工艺

和其他葡萄酒的酿造相比，风干葡萄酒的酿造很关键的一点是在风干葡萄的获取上。在意大利，由于在葡萄酒的酿造过程中不允许外加糖源，若想要葡萄酒保持较好的酸度，达到较高的酒精度，还能有更加浓郁集中的香气和风味，只能通过风干来实现。

（一）风干葡萄的获取

在一些风干葡萄酒的产区，常用的葡萄风干法有藤上风干（Passerillage）、枯藤法（Appassimento）和日晒法（Sun-dried）。

1.藤上风干法（Passerillage）

葡萄成熟后不立即采摘，而是通过折断或扭动果梗的方式，使其在藤上自然风干。风干后的葡萄失去了一定比例的水分，糖分、风味物质等得到浓缩。

采用藤上风干方式的葡萄会随着成熟度的升高而酸度降低。酸度是葡萄酒清新平衡感的来源，因此藤上风干采摘时机的关键在于对酸度的合理把握。

图 11-1　藤上风干的葡萄

2. 枯藤法（Appassimento）

枯藤法是指将采摘后的成熟葡萄放入风干房，葡萄松散置于架上，自然风干 90~120 天后，葡萄因失去一定比例的水分而糖分积累，并且保持了一定的酸度。

通常葡萄放置的方式有 Ploto、Arele、Uva Appesa 三种。其中 Ploto 代表将葡萄放置在定制好的木箱中进行风干；Arele 代表将葡萄放在竹席上风干；Uva Appesa 代表将葡萄编成一长串垂直悬挂于房梁风干。

枯藤法风干工艺要求较高，需要保持果串松散，均匀摊开，尽量避免相互挤压，每天检查葡萄的健康状况，及时去除烂果。这一工艺大大增加了人力、场地及物料等成本，因此使用枯藤法风干工艺酿造的酒价格相对更高。

枯藤法风干工艺应用在意大利瓦尔波利塞拉（Valpolicella）更为盛行。根据葡萄风干的程度，既可以用来酿造干型的阿玛罗尼（Amarone），也可以用来酿造甜型的雷乔托（Recioto）。

3. 日晒法（Sun-dried）

日晒法是指将葡萄置于阳光下晾晒风干，是三种风干法中速度最快的一种。通常风干时间会持续 10 多天，葡萄白天在太阳下暴晒，夜间则需要用稻草覆盖在葡萄上面以阻断露水，防止因湿度过大而使葡萄滋生霉菌等病害。

（二）除梗、压榨、发酵

风干之后，对葡萄进行去梗、压榨及发酵等一系列正常的酿酒过程。发酵周期为 25 天。经过风干，由于葡萄糖度升高，获得的酒精度也较高，因此需要选择耐受高糖度和高酒精度的酵母进行发酵。

随着发酵的进行，葡萄皮开始分解，红葡萄中存在的酚类和多酚物质逐步释放而浓度增加。其中的类黄酮、单宁等物质，给酒带来干涩、苦涩、结构化的感觉；而非类黄酮等物质给酒带来特有的辛香，但是这种口感会在后期逐渐发生变化。

（三）发酵终止

根据酿造风干葡萄酒的类型选择发酵终止的方式。如酿造干型的风干葡萄酒可待葡萄酒自然发酵终止，而甜型风干葡萄酒需要通过人为干预（如添加二氧化硫、低温处理等终止发酵），部分糖度较高的葡萄酒也可突破酵母耐受酒精的极限而自然终止发酵，并保留一定糖分。

（四）陈年

风干葡萄酒通常需要在橡木桶中陈年至少 12 个月甚至更久，使酒液充分地融合，并赋予酒浓郁的橡木风味，如烟熏、咖啡、巧克力等香气。

三、风干葡萄酒的风格特点

风干葡萄酒由于采用风干葡萄，其糖分、风味物质、颜色、单宁等成分均被浓缩，所以采用此工艺酿造的葡萄酒一般酒精度较高，风味浓郁，酒体饱满，单宁中等到高。

意大利的风干葡萄酒包括干型和甜型。通常干型或近乎干型的风干葡萄酒酒标上会用意大利语 Amarone 标示，而甜型的风干葡萄酒通常会用 Recioto 标示。前者果香浓郁，有樱桃、干果、葡萄干、熟李子等果香，伴有青草气息，白胡椒、摩卡和甘草香气夹杂其中；酒体饱满，层次感强，细腻而圆润，单宁柔和，余味悠长。后者通常会有焦糖、葡萄干、甘草等香气，果味极其充沛、甜美，余味回甘。

 ## 第二节　冰葡萄酒的酿造

一、冰葡萄酒概述

按照《冰葡萄酒》国家标准（GB/T 25504—2010）的定义，冰葡萄酒（Ice Wine）是指：将葡萄推迟采收，在自然条件下气温低于 −7℃使葡萄在树枝上保持一定时间，结冰，采收，在结冰状态下压榨，发酵酿制而成的葡萄酒（在生产过程中不允许外加糖源）。

由于冰葡萄酒对地理、气候、葡萄品种等方面的条件要求极高，对生产工艺的要求十分严格，目前世界上只有加拿大、德国、奥地利、中国等几个国家的少数地区可以生产，而全球80%的冰酒产自加拿大。我国冰酒产区主要位于东北包括辽宁、吉林和黑龙江，云南、甘肃等产区也有少量冰酒生产。

　　酿造冰酒应用最广泛的葡萄品种是威代尔和雷司令，另外琼瑶浆、霞多丽、美乐、品丽珠、米勒－图高、白比诺等品种也可用于冰酒的酿造。

图 11-2　冰葡萄

二、冰葡萄酒的酿造工艺

（一）工艺流程

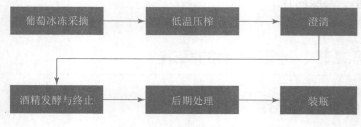

图 11-3　冰酒酿造流程图

（二）冰酒酿造工艺关键点

　　冰葡萄酒的酿造工艺要点主要体现在葡萄的冷冻、压榨、发酵与终止等方面。

1. 葡萄的冷冻

对葡萄而言，当平均气温降低到0℃以下，葡萄即停止生长，树体之间（根系与土壤之间、树体各器官之间、枝条和果穗之间等）不再进行物质交换。此时，葡萄果实早已达到生理成熟期，含糖量不再增加，含酸量不再降低，种子变褐。

达到生理成熟后留在枝蔓上的葡萄果实将发生下列变化：

（1）物理变化：水分蒸发，果实体积缩小，果实含糖量、含酸量增加。

（2）化学变化或生化变化：柠檬酸、葡萄糖酸含量升高，酒石酸含量下降，苹果酸含量升高；多元醇，特别是甘油、丁醇、阿拉伯糖醇和甘露醇含量升高，灰霉菌分泌大量具有胶体性质的葡聚糖及多糖，使葡萄汁的黏度增加，从而影响葡萄汁和葡萄酒的澄清。

（3）风味变化：产生蜜味及芒果、柠檬等热带水果味等特殊风味。

因此，在我国北方的冰葡萄栽培区，当气温降到0℃以下，对带有果穗的枝条进行修剪，将葡萄主干埋土，使带有果穗的枝条仍留在葡萄架面上，让保留在枝蔓上的果实等待冬季自然低温的来临。这样做，一方面可以解决葡萄果实结冰与埋土防寒的矛盾，保证葡萄果实在−7℃以下甚至更低的自然低温下结冰；同时，解决了葡萄加工时长与自然结冰之间的矛盾。这种方式被称为挂枝自然冷冻。

这种冷冻方式的核心有两点：一是要尽可能推迟修剪与葡萄藤埋土的时间；二是尽量使葡萄果穗保留足够长的枝蔓，以减少可能的物质损失。

多年的试验研究表明，这种挂枝自然冷冻方式和传统冷冻方式所获得的冰葡萄所酿造的冰酒质量几乎完全相同。采用此方法所酿造的冰酒得到了国内外专家及消费者的广泛好评。采用葡萄果穗挂枝冷冻方式，不但达到了葡萄自然结冰的目的，保证了冰葡萄的质量，突出了冰葡萄的典型风格，而且解决了冰葡萄树体的冬季埋土防寒问题，保证了冰葡萄酒生产的连续性。大量研究表明，冰葡萄汁的含糖量与冷冻温度密切相关：葡萄的含糖量越高，葡萄的冰点越低，葡萄结冰所需要的温度就越低；冷冻温度越低，获得的冰葡萄汁的含糖量就越高。

2. 冰葡萄压榨

冰葡萄取汁一般采用篮式压榨机，压榨次数主要依据压榨温度与冰葡萄汁的含糖量，而冰葡萄汁的含糖量则取决于葡萄果实成熟时的含糖量和结冰温度。结冰温度越低，压榨汁的含糖量越高，葡萄出汁率就越低。压榨的室内温度不高于3℃，每次压榨结束，将葡萄醪渣取出，停留一定时间，稍微回温后，开始下次压榨。

冰葡萄压榨通常分 2~3 次进行，第一次压榨获得的冰葡萄汁的含糖量为 450g/L 左右，出汁率为 5%；第二次压榨汁的含糖量在 350g/L 左右，出汁率为 10%；而第三次压榨汁的含糖量在 300g/L 左右，为了获得符合条件的冰葡萄汁，出汁率应严格控制在 15%（主要取决于压榨汁的含糖量）。压榨压力 0.04~0.16MPa，分别保压 20 分钟，破碎过程中应避免压碎葡萄籽，压榨机下部集汁槽内的葡萄汁应尽快泵入发酵罐。发酵罐提前充满二氧化碳，加入干冰以降温及隔绝空气，发酵罐汁量控制在罐容的 90% 左右。

3. 冰葡萄酒发酵与终止

压榨得到的冰葡萄汁温度通常在 -5℃ 以下，因此，必须把葡萄汁的温度逐步升高到 10℃ 以上，才能保证发酵的顺利进行。

由于冰葡萄汁的含糖量高，黏度大，高糖引起的高渗透胁迫会产生一定量的乙酸，从而使酒中的挥发酸含量高于一般的葡萄酒。发酵过程的重点是保持果香，形成优雅的酒香和醇和的口感，为此需要控制挥发酸的含量，其关键在于选择适宜的酵母菌和控制发酵温度。

为了确保酵母的活力和发酵的彻底进行，在添加酵母前两天或添加酵母的同时（或比重下降 0.30 左右时）加入酵母营养剂（SUPERVIT）。添加量为 60~70mg/L，用冷水溶解。每次添加辅料之后要进行一次封闭式循环，以保证辅料混合均匀。

发酵时间为 30 天到几个月。当酒精度达到 10%~12%vol 时，及时终止发酵，获得不同口感和风味的冰葡萄酒。终止发酵的方法很多，包括低温、添加二氧化硫和除菌过滤等方式，由于低温和除菌过滤不会更多地影响冰酒的风味，总体效果要优于添加二氧化硫的方法。

将冰葡萄酒温度降低到 -5~5℃，并添加 120~150mg/L 二氧化硫，沉淀几天后，分离酒脚。满罐、密封，充氮气保护，保持温度 0~5℃。

三、冰葡萄酒的风格特点

加拿大冰酒产区主要位于安大略省，产量高达加拿大冰酒总产量的 80%。高酸和高糖分成就了加拿大冰酒甜而不腻、平衡的特点，爽脆中带有新鲜感，酒体中等至饱满，常带有核果香气，余韵持久，酒精度通常在 8%~13%。用白葡萄酿的冰酒年轻时往往呈浅黄色或浅金黄色，带有活泼的果味和酸味，陈年后会变成深琥珀色，风味变得微妙复杂。而红葡萄酿制的冰酒会呈现出类似桃红葡萄酒一样的色调，有着草莓香等红色水果香，口感甜美，且带有一些辛香。

　　德国冰酒产量虽不及加拿大，但作为生产冰酒最悠久的地区之一，有"冰酒之乡"的美誉。德国冰酒常以雷司令为原料，酿造的冰酒清新、精致，复杂度很高，口感纯正，拥有很好的平衡度。但近些年由于气候变暖等因素，冰酒产量下降明显。

　　中国作为冰酒生产国的后起之秀，天然的气候条件使得中国成为世界上少数几个可每年生产冰酒的国家。中国冰酒的原料主要以威代尔、山葡萄及其杂交种为主，

图11-4　甜型葡萄酒之冰葡萄酒

酿造的冰酒具有浓郁的花香、果香、蜜香等风味，清新、甜润，回味持久。

四、酒款解析示例

（一）葡萄酒名称

张裕黄金冰谷酒庄金钻级冰酒。

（二）葡萄信息

（1）产区：辽宁桓仁。

（2）品种：威代尔。

（3）糖度要求：糖度不低于230g/L，总酸10.0~16.0g/L，外界气温稳定低于-8℃采收。

（4）风土特点：温带大陆性湿润气候，光照充足，无霜期145天以上，年平均降水量800mm左右，冬季葡萄采收（12月~次年1月）期平均气温低于-8℃、湿度大于65%（葡萄园区距离桓龙湖小于5km），棕壤、草甸土为主，土质疏松，通透性好。

（三）葡萄酒信息

①年份：2019年。②酒精度：11.0%。③容量：375mL。④类型：甜型。

品酒笔记：呈浅金黄，具有浓郁的果香、花香、蜜香，纯正优雅，口感圆润、饱满，酸甜爽口。

（四）酿造工艺记录

低温采收压榨，低温保糖发酵，自然稳定结合低温冷冻稳定，全程防氧，无菌冷灌装，适度瓶储。

第三节　贵腐葡萄酒的酿造

一、贵腐葡萄酒概述

贵腐葡萄酒是由受到贵腐菌（Noble Rot）侵染的葡萄酿造的葡萄酒。这种霉菌附着在成熟的葡萄上，吸取葡萄颗粒中的水分，使葡萄变得干瘪，留下浓缩的糖分和复杂集中的风味。

在大多数葡萄园中，一年四季会有一种真菌——灰葡萄孢菌（Botrytis Cinerea）的存在，但只有在合适的条件下才会发展成有益的贵腐菌。在冬天，它会以菌丝（Mycelium）或菌核（Sclerotium）的形态在葡萄藤的休眠芽孢、树皮或地上的植物碎片中存活。葡萄的老藤主干或"手臂"被认为是灰葡萄孢菌特别集中的部位。

在潮湿的环境中，葡萄（或葡萄树的其他部位）会被它侵袭，如果环境持续潮湿，感染霉菌后的果实出现破皮，具有破坏性的灰霉病就会导致果实进一步被其他真菌和细菌感染。如果这种情况发生在葡萄的转色期，则是最危险的。葡萄在此时还没成熟，持续潮湿的天气会导致霉菌迅速蔓延，最后有可能使所有的葡萄都感染上灰霉病。葡萄藤感染灰霉病对于酒农来说是致命的打击，葡萄藤的染病叶面会变黄枯死并导致大量落果，严重时可导致葡萄园减产 50%~80%。

图 11-5　被贵腐菌侵染的葡萄

但是，在适当的条件下，它却能为生产贵腐酒创造贵腐菌（Noble Rot）较为理想的侵染状态。世界上许多最优质的甜葡萄酒都是由被这种毛茸茸的、霉菌覆盖的干瘪的葡萄酿制而成的。

如果葡萄果实已经成熟，且灰葡萄孢菌得到足够的降水（大约 15 个小时的雨、雾、露水或灌溉）和营养（尤其是糖分），便可成功让葡萄感染贵腐菌。此时，贵腐菌用微纤丝刺穿葡萄的表皮，形成无数的微孔，通过葡萄表皮进入果肉。在接下来干燥的气候条件下，贵腐菌的疯狂生长将被抑制。阳光让葡萄内部的水分通过小孔蒸发，让葡萄的酸度、风味和糖度都得到浓缩，并赋予葡萄独特的风味。

酿造贵腐葡萄酒的产区主要有匈牙利托卡伊、德国莱茵高和法国波尔多苏玳。

用于酿造贵腐葡萄酒的品种主要有赛美蓉、长相思、密斯卡岱、富尔民特等。赛美蓉糖分高，皮薄，容易感染贵腐菌，酿造出的葡萄酒除了带有蜂蜜和杏仁味，常具有良好的香气基础，带有橡木风味。长相思最大的特点是酸味十足，还带有草本风味，这为贵腐甜白提供了骨架支撑，可平衡较高糖分，给葡萄酒带来清新之感。密斯卡岱成熟较早，具有浓郁的葡萄味和充满活力的花香味，能丰富贵腐甜白的香气层次。富尔民特酸度高，酿造的贵腐甜白陈年潜力强，风味浓郁，具有蜂蜜、麦芽糖、热带水果、烟熏、巧克力以及桂皮等香气，回味持久。

二、贵腐葡萄酒的酿造工艺

1.采摘

生产贵腐葡萄酒的原料主要依赖于贵腐菌侵染的程度，清晨潮湿多雾的环境有利于贵腐菌的形成，而晴朗干燥的午后则可以抑制贵腐菌生长，防止葡萄果实被过度侵染而腐烂，同时这样的天气也可以加速葡萄果实的水分蒸发，增加葡萄的糖分、酸度和风味集中度。

2.压榨

酿制贵腐酒最重要的工序是对葡萄果实的压榨程序，这道工序直接影响贵腐酒的品质。与相对暴力的传统葡萄酒压榨工序不同，压榨感染贵腐霉菌葡萄果实的过程要非常缓慢，压榨过程中绝对不能压碎葡萄，这些尺度的掌握完全凭着酿酒师多年的经验来判断压榨的压力施加。受贵腐菌侵染的葡萄可能还需要几轮压榨才可以压榨出更多的葡萄汁。

3.发酵

贵腐葡萄经挑选之后，压榨出来的葡萄醪已经非常少了，有时一株葡萄藤的果实榨出来的汁液还不到100g（这也是贵腐酒如此昂贵的另一个原因）。

接下来就会进入发酵流程。传统的苏玳贵腐酒的发酵流程通常用时两个月甚至更长时间，这是因为酵母（即使是人工酵母）很难在高糖、高度浓缩的贵腐葡萄汁中工作。大多数的贵腐酒有一个独特的酿造工艺，叫作终止发酵，在发酵过程还未完全结束时，为了保持贵腐酒的甜度，加入二氧化硫来终止发酵，所以贵腐酒一般都是甜度极高的酒。

4.灌装

在酿造和灌装贵腐酒的过程中，都需要添加高于平均水平的二氧化硫，因为贵腐菌会滋生导致虫漆酶（Enzyme Laccase），这种氧化酶会增加葡萄酒被氧化的风险，它对二氧化硫有很强的抗性，同时它还是决定甜酒的黄金颜色的关键因素。此外，葡萄酒中部分的二氧化硫会与糖结合，从而失去"自由"的形态，不再对葡萄酒起保护作用。

三、贵腐葡萄酒的风格特点

苏玳产区位于加龙河（Gronne）左岸的丘陵地上，多为砾石土壤，排水性良好，夏季和秋季都很暖和，拥有产生贵腐菌的绝佳条件。苏玳产区出产的贵腐葡萄酒颜色金黄，略带绿色色调，香气纯净，散发出蜂蜜、槐花蜜、李子和一丝苹果花的气息。入口后，带有白桃、新鲜梨子、柠檬和橙子皮的风味。

德国莱茵高的地理条件得天独厚，由南往北的莱茵河在这里绕了个 L 形的小弯，形成了一段从东往西的河流。这里的葡萄园多朝南，可以尽情地享受日照以及宽阔的莱茵河面反射的阳光。产区内经常降雾，有助于贵腐菌的形成，因此好的年份可以酿造带有浆果或浆果干风味的高质量葡萄酒。产区内的土壤类型多样，包括白垩土、沙土和砾石以及各种类型的黏土、黄土、石英岩和板岩，拥有生产贵腐酒的绝好风土。酒液呈现明亮的金黄色；香气中混合着新鲜水果、蜂蜜和白色花朵的气息；入口后，甜、酸与酒精完美平衡。

匈牙利托卡伊由于受山体保护，拥有较为独特的气候，对葡萄的栽培较为有利。托卡伊贵腐酒具有浓郁的蜂蜜、蜜饯、热带水果等气息，部分经过橡木桶陈年的贵腐酒还展现出烤杏仁、榛果等干果香气，口感香甜可口，优雅平衡。

思考与练习

1. 意大利阿玛罗尼葡萄酒的酿造使用了哪种葡萄风干法？
2. 从冰葡萄酒的酒标中可以获得哪些信息？
3. 如何向消费者介绍一款贵腐葡萄酒？

第十二章
白兰地的酿造

本章导读

　　本章介绍白兰地的酿造，包括白兰地概述、白兰地酿造工艺、缺陷及防治。其中白兰地酿造工艺是重点，包括设备构造、发酵工艺、蒸馏工艺、储藏陈酿工艺、勾兑及稳定工艺。每一部分都做了较为详细的介绍。

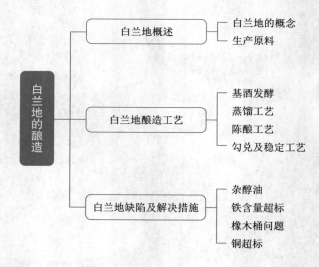

白兰地概述 ——— 白兰地的概念
          生产原料

白兰地的酿造

白兰地酿造工艺 ——— 基酒发酵
                蒸馏工艺
                陈酿工艺
                勾兑及稳定工艺

白兰地缺陷及解决措施 ——— 杂醇油
                      铁含量超标
                      橡木桶问题
                      铜超标

学习目标

1. 熟悉白兰地酿造的一般流程；
2. 掌握塔式蒸馏和壶式蒸馏的区别；
3. 了解白兰地常见缺陷和解决措施。

第一节　白兰地概述

一、白兰地的概念

广义上讲，白兰地是各种水果酒的蒸馏酒，通常以葡萄为原料经过发酵、蒸馏、陈酿、调配等工艺的蒸馏酒被直接称为白兰地，其他水果的蒸馏酒，例如樱桃白兰地、苹果白兰地等要加上相应的前缀。所以狭义上讲，白兰地是葡萄酒的蒸馏酒，且酒精度一般为40%vol。

世界上著名的白兰地代表，当属法国的干邑（Cognac）和雅文邑（Armagnac），两者的气候、原料品种、蒸馏方式和陈酿方式、等级划分都有一定的差别，所以造就了产品最终风格的差异。这也是我们为什么要学习白兰地酿造工艺的原因。

除法国外，中国、意大利、西班牙、德国、智利等国家也有白兰地的生产，基本上生产葡萄酒的国家都有白兰地。

二、生产原料

（一）常用葡萄品种

不是所有的葡萄品种都适合用来酿造白兰地，干邑和雅文邑常用的葡萄品种为白玉霓、白福尔、鸽笼白；南非常用鸽笼白和白诗南；我国常用酿造白兰地的品种为白羽、白雅、龙眼、佳丽酿等。除此之外其他国家还会用到当地的特色品种，总体来讲是一些白色或者浅色葡萄品种，同时这些葡萄品种也有一些共性。

（二）原料特点

酿造白兰地的葡萄品种一般需要满足一定的条件：糖度低、酸度高、中性、高产抗病。

1. 糖度低

葡萄原始糖度低的具体指标为120~180g/L，潜在酒精度7%~10%。酒精度低，想要获得高度蒸馏酒，消耗原酒的数量增多，在蒸馏过程中香气被较多地集中在蒸馏酒中。最为理想的潜在酒度是8.5%~9.5%，既能浓缩香气，又能兼顾效益。

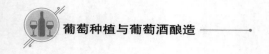

2. 酸度高

具体要求采摘后的葡萄滴定酸不小于 6g/L，高酸主要有两方面的作用：一是在蒸馏过程中参与酯类物质的生成，从而增加白兰地的芳香性；另一方面由于白兰地的基酒酿造过程中较少使用二氧化硫，所以一定的高酸也能起到对酒体的保护作用。在实际的生产中，要使原料获得一定的高酸，一般会做提前采收。

3. 中性 / 弱香

选择品种香气不突出的中性葡萄品种，过浓的品种香气很难在后续的陈酿过程中达到和谐，且香型的转化与氧化衰败问题也需要考虑。

4. 高产抗病

白兰地是蒸馏酒，所以对原酒的消耗浓缩量大，需要一定的产量支撑。另外蒸馏过程会对香气进行富集，如果葡萄染菌，会对白兰地的香气造成破坏，特别是灰霉病的侵染，还会使得酒体容易氧化。这些都对白兰地的质量造成很大的影响。

 第二节　白兰地酿造工艺

本章所说的白兰地是葡萄酒的蒸馏酒，后续所有的内容全都围绕此展开，不再赘述。白兰地酿造的一般流程包括：基酒发酵、蒸馏、陈酿、调配和稳定、装瓶。

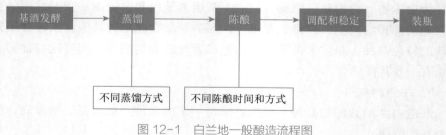

图 12-1　白兰地一般酿造流程图

一、基酒发酵

所有烈酒的生产都不是一次发酵而成的，首先没有那么高耐受性的酵母，也没有如此高糖度的原料可以直接发酵产生 40%vol 的蒸馏酒。所以，所有烈酒的生产必须要以基酒为原料进行蒸馏，收集馏出液。

酿造基酒的工艺和白葡萄酒的发酵类似，不同之处在于对原料的选择和指标的控制，以及二氧化硫的使用。原料满足低糖、高酸、中性、高产抗病健康的特点，除此之外容器和设备的异味也应该被规避。

高档白兰地的生产一般选用自流汁进行发酵，选择发酵启动速度较快的酵母，且发酵的温度比单纯酿造白葡萄酒时要高，加快发酵进程，尽量减少氧化风险。普通白兰地的基酒生产也有除梗破碎后直接带着皮渣一起进行发酵的。发酵完成后得到 7%~10%vol 的基酒，残糖 <3g/L。

白兰地的基酒发酵另一个最大的不同在于要保证无二氧化硫或微二氧化硫，一方面因为二氧化硫会在蒸馏过程中富集进入酒中，产生刺鼻的味道，同时含量较高时会对人体产生危害，还会腐蚀蒸馏设备；另一方面在于二氧化硫在发酵和蒸馏过程中会产生醛类、硫醇类物质，影响白兰地质量。

二、蒸馏工艺

（一）蒸馏机理

1.蒸馏系数

白兰地蒸馏过程中，我们从基酒中获取的物质有醇类、酯类、醛类、酸类等，蒸馏的最终目的是想获得更多令人愉悦的风味物质，而尽量规避影响白兰地质量、影响风味的成分。要想做到这一点需要考虑两个因素，沸点和蒸馏系数。

沸点我们不难理解，某物质的蒸馏系数是该物质的蒸发系数与乙醇蒸发系数之比。

蒸馏系数等于 1，该物质与酒精的蒸馏速度一致；大于 1，蒸发速度大于乙醇；小于 1，蒸发速度小于乙醇。这就形成了不同挥发物有的富集在酒头，有的在酒尾。但是这里更为复杂的是，各物质的蒸发系数与酒精度有关，随着蒸馏的进行，酒精度发生变化，某些物质的蒸发系数也会变化，从而蒸馏系数也跟着变化。这就导致了同一类物质在酒头和酒尾都会存在。

例如：乙醛、缩醛、乙酸乙酯、乙酸甲酯蒸馏系数始终大于 1，所以这类物质一直在酒头；异戊酸异戊酯、异戊酸乙酯、异丁酸乙酯，蒸馏系数与酒精度相反，酒度低时在酒头，酒度高时在酒尾，大部分酯类都在蒸馏后期出现，酯类是白兰地非常重要的香气成分。高级醇在蒸馏过程中第一次蒸馏时会出现在酒头，第二次蒸馏时出现在酒尾。所以掌握掐头去尾的时机对白兰地的质量十分重要。

2.蒸馏过程中的反应

蒸馏过程不仅是酒精和其他物质的富集，而且在蒸馏过程中还会发生一系列的化学反应，有物质的生成也有降解。乙醇氧化成为乙醛，高级醇和乙酸反应形成酯类。所以蒸馏过程中醛和酯显著增加。在高温时，在酯化的同时也会发生酯的分解。

蒸馏过程中长时间沸腾还会发生"烧煮"现象，酒中的氨基酸在铜（蒸馏器）的催化下，和醌（酒中多酚类物质形成）反应发生降解和氧化，生成醛和酮的羧基化合物。

（二）蒸馏设备及操作方法

白兰地的蒸馏分为壶式蒸馏和塔式蒸馏，这也是法国干邑和雅文邑不同的蒸馏方式。

1.夏郎德壶式蒸馏设备

壶式蒸馏设备主要由三部分组成：蒸馏锅、预热器、蛇形冷凝器。该设备用料为铜，铜的优点如下：导热性、延展性好；抗酸、耐腐蚀；是酯化反应的催化剂；使很多酸形成铜盐析出，去除不良风味。

图 12-2　600L 夏朗德壶式蒸馏机组（山东泉灵酒庄有限公司）

鹅颈帽：鹅颈帽也叫柱头部，是蒸馏锅罩，可以防止蒸馏时"潜锅"现象发生，此外，可以让馏出物蒸气在此有部分回流，形成轻微精馏作用。其容积一般为蒸馏锅容器的10%，形状和大小不同，其精馏作用不同。通常鹅颈帽越大、精馏作用越强，所得产品口味越趋于中性，芳香性降低。

鹅颈管：鹅颈帽与冷凝器相连的部分是鹅颈管，它的作用是进一步精馏，其高度越高，有效长度越长，精馏作用越大。

预热器：预热器位于蒸馏器和冷凝器之间，鹅颈管穿过容器内，管内蒸馏物的热能传入预热器中，加热原酒。预热器的容积和蒸馏锅实际容积相当。

2. 壶式蒸馏方法

壶式蒸馏法是两次蒸馏，法国干邑采用此设备和方法，第一次粗蒸获得低度酒（26%～29%vol），第二次蒸馏，此时的精馏白兰地酒度一般为68%～72%vol。

粗馏可以掐头去尾，或不进行此操作，一直蒸至馏出液为1%vol时停止。第一次蒸馏时间为10～12小时。第二次蒸馏时，冷却水温度要低于18℃，锅内温度升到80℃时，改用文火蒸馏。掐酒头（主要为醛类等，掐除数量约为总量的0.5%～1%）后，取酒心，当酒度在56%～58%vol时切酒尾，切酒度数如表12-1所示。

表 12-1　蒸馏得 70%vol 原白兰地的切酒度数

粗馏白兰地酒度 /%vol	头馏分酒度 /%vol	切酒酒度 /%vol
29	76.5	57
28	76	58
27	75.5	59
26	75	60
25	74.5	61

为了避免浪费，切酒后继续蒸馏到酒度1%vol，蒸除的部分收集后并入粗馏白兰地中进行蒸馏，也可与普通白兰地基酒混合进行塔式蒸馏。第二次蒸馏时间为12～14小时，酒头、酒心、酒尾成分各异。

3. 塔式蒸馏

塔式蒸馏一般为连续蒸馏，塔内分成两段，上段是精馏塔，下段是粗馏塔。塔式蒸馏比壶式蒸馏效率更高、更节能，获得的白兰地也成熟更块。

蒸馏开始时，先打开气门进行温塔，当塔底温度到105℃时，接着打开排糟阀。当塔内温度为95℃时，可以开始进料，与此同时开启冷却水。当塔顶温度达85℃时，打开

图 12-3　塔式连续蒸馏机组
（烟台裕昌机械有限公司）

出酒阀来调整酒度。整个蒸馏过程是连续的，蒸馏出的溜出液温度应控制在25℃以下，另外要时刻注意气压的变化，不要超过规定压力。如果要临时停塔应先关闭进料门，再依次关闭水门，气门、出酒门，之后关掉冷却水，防止干塔。酒头和酒尾再放入醪液中重蒸。

4. 两种蒸馏方法的比较

一般白兰地生产产品结构采用高中低档并举，从而保证企业活力。很多企业壶式蒸馏和塔式蒸馏同时使用。壶式蒸馏和塔式蒸馏的区别如下：

（1）设备组成和原理不同。

（2）生产方式不同。壶式蒸馏是间断式两次蒸馏；塔式蒸馏属于连续式蒸馏。

（3）热源不同。壶式蒸馏直接用火加热蒸馏锅；塔式蒸馏是蒸汽加热。

（4）蒸馏后酒款风格不同。壶式蒸馏的白兰地芳香物质较为丰富；塔式蒸馏产品较为纯净，呈中性，乙醇的纯度较高。

三、陈酿工艺

（一）橡木桶陈酿

橡木桶陈酿工艺是完善白兰地的重要环节，优雅浓郁的白兰地和橡木桶陈酿密不可分。

白兰地在橡木桶陈酿过程中发生了一系列物理化学变化，这些复杂的变化赋予了白兰地特有的风味，漫长的陈酿过程改变了白兰地原有的苦涩、刺喉、收敛、辛辣等特性，取而代之的是甜润、醇厚、微苦和绵柔的口感。

图12-4　白兰地陈酿用橡木桶（山东泉灵酒庄有限公司）

1. 物质的挥发

白兰地在橡木桶陈酿过程中，由于酒精和水分的挥发，体积减小，且桶越小损失率越高。小桶的年损耗率在 3% 以上，大桶的年损耗率约为 1.5%~2%。橡木的纤维素在吸水后膨胀，形成了一层可透水的壁，若陈酿区环境潮湿，水分蒸发可减缓。当窖内湿度为 70%~80% 时，所陈酿的白兰地酒度的变化为每 15 年降低 6%~8%vol；若陈酿区干燥，水分挥发会比酒精挥发快速，所以酒窖一般要求 70%~80% 的湿度，否则白兰地陈酿多年以后，酒精度反而升高，酒质不良。

2. 氧化作用、物质的浸出与转化

橡木桶具有微氧透气性，由桶的气孔进入桶内的氧约占 8.6%，经板缝渗入的氧约为 51%，剩余的氧是在倒桶时溶于酒中的。氧的参与，使醇类氧化形成醛，醛又与乙醇分子作用形成缩醛，缩醛使得白兰地具有一定的芳香，且其含量随着白兰地陈酿时间延长而增加。

白兰地从橡木桶中浸提出单宁、多酚和木质素，这些物质改善了白兰地的口感和质量。单宁在陈酿过程的最初 3~4 年增加尤为明显，随后增长较为缓慢。随着陈酿时间的延长，单宁逐渐被氧化，苦涩感及收敛性逐渐减弱，白兰地的口感变得柔和。另外单宁还能增加白兰地的颜色，使无色的原白兰地逐渐变成金黄色至赤金黄色。如果使用新桶，则浸出的单宁过多而粗糙，需要先用清水对橡木桶进行浸泡后再使用，除去过多的可溶性单宁。再用 65%~70%vol 的中性酒精浸泡 10~15 天，来去除粗糙单宁，注意浸泡时间不宜过长，否则会降低新桶的使用价值。但也有新观点认为用新桶直接短时间陈酿白兰地效果更好。

木质素在醇、酸的作用下发生降解，部分木质素直接溶解成乙醇木质素，然后氧化生成醛和酚酸；另一部分则先降解为香草醛、丁香醛、芥子醛、松柏醛，然后再氧化生成香草酸、丁香酸、阿魏酸。酚醛和酚酸的含量随着陈酿时间的延长而增加（芥子醛除外），芥子醛一直呈下降趋势。

橡木中的纤维素可被降解或氧化，生成分子量较小的多聚物或氧化纤维素，氧化纤维素不溶于白兰地，所以在橡木桶近酒表层分析，纤维素的含量会有所增加。有时可降解为单糖，可以为白兰地增加一定的甜润感。

在整个陈酿期内 pH 值一直在降低，pH 值一般会从 5 逐渐降到 3.5，pH 值的变化跟木质中的酸、乙醇氧化成的乙酸、乳酸乙酯水解成的乳酸有关。

（二）储存陈酿要点

1. 桶内空间

橡木桶陈年白兰地时，要在桶内留 1%~1.5% 的空隙，这样可以防止酒液受温度影响发生溢桶，另外还可使桶内保留一定的空气，这样有利于加速陈酿。如果酒窖湿度、温度控制得当，一般每年只需添桶 2~3 次，添桶时注意要采用同品种、同等质量的白兰地。

2. 白兰地降度方式

白兰地蒸馏后的酒精度较高，在陈酿过程中需要完成降度处理。常见的降度方式有三种：

（1）直接一次陈酿，到期稀释灌装。对于中低档的白兰地，可以直接用蒸馏后不加稀释的白兰地入桶陈酿，达到一定期限后调配稀释，再经后续步骤灌装出厂。

（2）二次陈酿，中间降度。将原白兰地储藏陈酿到一定期限，降度至 40%vol，为了降度后更好融合，进行二次储藏陈酿。

（3）多次降度储藏陈酿。对于一些优质的白兰地，需要分阶段进行多次降度，会在酒度 50%vol 时陈酿较长时间，专家们认为 50%vol 最有利于陈酿。随着陈酿和降度，白兰地的辛辣刺激感逐渐减弱，柔和性增强。采用多次小梯度的降度可以减少对酒体强烈的刺激，让白兰地熟化得更为平稳。一般最终出厂时会降到 40%vol。

另外用制备好的低度白兰地代替水，可以进一步减少水对原白兰地的强刺激。具体做法是用同品种的优质白兰地加水软化稀释到 25%~27%vol，然后入桶陈酿，在白兰地降度时取出加入。

3. 定期监测

需要专业人员定期监测被陈酿酒液的颜色、口感、香气，注意陈酿期间的变化，如有异常，可以及时采用有效的补救措施。如果酒已经熟化，及时将其倒入桶径大、容积大的木桶内，防止过度老化。陈酿期间随时关注是否存在渗漏的情况，如果桶板缝间有轻微的酒液析出，往往会带出一定的糖分，较为黏稠。要及时将桶表面擦拭干净，防止长霉。另外要注意桶箍是否因为材质问题生锈等。

4. 保持酒窖卫生和温度、湿度

保持酒窖卫生非常关键，通常酒窖常年都维持相对稳定的温度和湿度，一般温度 15~25℃，湿度 70%~80%。湿度过低，容易造成酒液挥发，湿度过高容易导致霉菌繁殖。出于成本考虑，一些酒窖建在一些山地、洼坡处，这样很容易造成酒窖湿度季节性增高，霉菌繁殖过强。要想减少酒窖污染，可以从以下几点入手：

（1）少用木质（尤其是经氯化酚防霉处理过的木质）装修酒窖；已有装修的需进行隔离处理。

（2）及时清除酒窖内旧木桶和其他木质，减少对酒质有影响的氯化酚和氯化茴香醚两种物质含量。消除旧桶后一个月左右时间，氯化酚含量可以缩减为原浓度的 1/20，氯化茴香醚含量缩减为原浓度的 1/7。

（3）保持通风，避免酒窖过于潮湿，防止霉菌生长，同时净化酒窖内的空气。

（4）倒桶过程中，让酒尽量少与窖内空气直接接触。

（5）定期对酒窖进行杀菌处理。可用臭氧、紫外灯、硫黄、亚硫酸等进行杀菌，但要注意操作安全。

（三）新式陈酿工艺

白兰地橡木桶自然陈酿需一定时间、空间，加上橡木桶成本高，这些最终导致酿造白兰地的成本较高。例如一个 300L 的法国桶，价格约在 600 美元，如果生产 XO 级别的白兰地，至少需储存 6 年。所以对于一些低档白兰地，有很多人工陈酿的方法被企业使用，以加速陈酿过程，缩短生产周期。

1. 加热陈酿法

温度对白兰地陈酿有重要的促进作用，可使白兰地更加醇厚柔软，加速水和乙醇的融合，减少酒精的辛辣刺激感。加热陈酿有以下几种做法：将温度提高到 65~75℃ 做瞬时加热；将白兰地加热至 45~55℃ 保温数天。具体应根据产品特点和档次而定。需要注意的是加热应在密闭的容器内进行，否则加热会使酒中的芳香性物质挥发，也会使酒度降低。

2. 橡木制品的应用

做木桶时原木的利用率约为 20%~30%，最多 50%，总体利用率较低。碎橡木和一些不成形的橡木板中同样具有橡木的有效成分，可以在陈酿过程中加以利用。

（1）木片陈酿：将板材加工成 2cm×3cm 的木片，然后进行烘烤至焦黄色，浸入酒中，配合适当的温度，达到快速陈酿增香的效果。

（2）添加橡木粉或橡木提取液：国外有生产厂商用酸或碱来将橡木板材中的木质素降解，然后提取成液态或粉状物。这些被提取的橡木制品，根据经验按比例将其直接加入白兰地中，但这种方法只能在一定程度上快速提高白兰地的芳香性，不会对酒的圆润性有所提高。

（3）其他人工催陈的方法：包括超声波法、红外线、机械振动、紫外线等。这还需各企业进行多方论证，并注意所采用处理方法的安全性和效益性。

四、勾兑及稳定工艺

勾兑或者说调配是完善白兰地风味的最后一道非常重要的工序。首先要了解不同白兰地分级不同的质量要求，见表 12-2，根据酒质要求进行勾兑。通常会做小样试验，找到最佳配比后再进行大规模勾兑调配。

1. 优化组合

比如先根据既定工艺选择不同年份、不同罐区的白兰地半成品，品评筛选。从理化指标、口感两方面进行检验和平衡。还可根据现存需勾兑白兰地的贮存年份、数量，大、小、新、旧木桶储存量，在保证平均酒龄满足《GB11856—1997 白兰地》标准以上的条件下，再来进行口感品评上的优化组合，一般新老酒搭配以 2:1 为佳。

2. 调色

不同陈酿条件下各桶内白兰地的色泽不一致，所以需要人工调整，来保持相同批次之间产品色泽的一致性。调整色泽常用的是焦糖，将焦糖在少量酒中溶解后加入。可以购买焦糖色素（食品级），企业也可自制。为了增加酒的醇厚和圆润感，还可向白兰地中加入一定量的糖浆，加入量根据具体产品而定，一般糖度不要超过 15g/L。

表 12-2 不同白兰地分级酒质要求

级别	色泽	香气	滋味
X.O	赤金黄色	具有优雅的品种香、陈酿的橡木香、浓郁而醇和的酒香	醇和、甘洌、沁润细腻、幽柔、丰满延绵
V.S.O.P	赤金黄色至金黄色	葡萄品种香协调，陈酿的橡木香优雅而持久，醇和的酒香	醇和、甘洌、丰满绵柔、清雅
V.O	金黄色	有葡萄品种香，纯正的橡木香及醇和的酒香，各香间协调完整	醇和、甘洌、酒体完整
V.S	金黄色至浅金黄色	有葡萄香、酒香、橡木香，较协调，无明显刺激感	酒体较完整、无杂味、略有辛辣感

3. 稳定

白兰地勾兑后要进行稳定处理。不同勾兑的白兰地香气的种类、数量和酒精度等都有所不同，所以调配完成后还要进一步稳定融合。另外白兰地中还存在一些高级不饱和脂肪酸这一不稳定因素，可以采用冷冻的方法将其去除。另外降度、调色过程中用水应充分考虑使用软化水，如果水中含有微量钙离子，酒中的酸类物质会和其形成不溶性的钙盐，所以要严格控制酿造用水。

 ## 第三节　白兰地缺陷及解决措施

白兰地在蒸馏、陈酿过程中，由于操作、管理、环境等因素，难免会出现一些缺陷。常见的缺陷和解决措施如下。

一、杂醇油

白兰地在蒸馏中的"掐头去尾"时机不当，尤其是蒸馏皮渣原白兰地时很容易产生杂醇油味（主要是异戊醇等高级醇），可将原白兰地重新蒸馏去除。

二、铁含量超标

白兰地酒中铁含量一般在 1mg/L 以下，有时也会超过 1mg/L，当铁含量超过 1.3~1.5mg/L 时，在色泽上则出现不同程度的发灰发暗，严重时甚至会呈现褐绿色，对白兰地的外观和稳定性都有影响。出现这种情况往往是在酿制过程中混入了铁质。

在原酒的生产和白兰地的储存陈酿过程中都应该严格限制铁制品的使用。如果在倒桶或进、出桶时有铁被带入酒中，对出现异常的酒应该单独采用离子交换法、麸皮法、植酸法等处理，但是这些办法效果不太理想，所以对于铁的问题，防大于治。

三、橡木桶问题

使用新木桶存放白兰地，如果倒桶不及时白兰地会带有浓重的橡木味，香气过重、口感苦涩。这时应立即将白兰地倒入旧木桶中，在后续的勾兑中作为调香用酒，按比例添加。另外如果制桶木材不良，使用新桶前处理又不够彻底，则会给白兰地带来邪杂味。对于这些白兰地，可集中存放后重新蒸馏或以小比例添加到低档白兰地中。

四、铜超标

铜在白兰地的蒸馏过程中，是酯类香气生成的催化剂，但有时也会对白兰地造成污染，当铜含量大于 6mg/L 时，酒会出现棕绿色。如果铜过量需要对原白兰地进行重新蒸馏，并仔细检查设备。

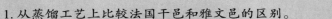思考与练习

1. 从蒸馏工艺上比较法国干邑和雅文邑的区别。

2. 白兰地的一般酿造流程有哪些？

3. 如何推介一款轩尼诗 V.S.O.P 白兰地？

第十三章
加强型葡萄酒的酿造

本章导读

　　本章主要介绍雪莉酒、波特酒和马德拉酒三种具有鲜明产区风格特点的加强酒。每种加强酒的介绍包括该类酒的概述、酿造工艺和风格特点。

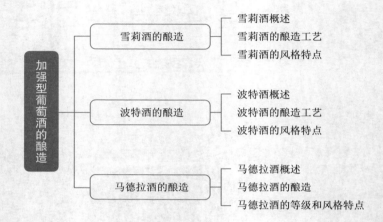

加强型葡萄酒的酿造
- 雪莉酒的酿造
  - 雪莉酒概述
  - 雪莉酒的酿造工艺
  - 雪莉酒的风格特点
- 波特酒的酿造
  - 波特酒概述
  - 波特酒的酿造工艺
  - 波特酒的风格特点
- 马德拉酒的酿造
  - 马德拉酒概述
  - 马德拉酒的酿造
  - 马德拉酒的等级和风格特点

学习目标

1. 掌握不同加强型葡萄酒酿造的工艺流程和工艺关键点；
2. 比较加强酒酿造工艺与其他葡萄酒的区别；
3. 能够熟练准确地运用所学知识推介不同类型的加强型葡萄酒。

第一节 雪莉酒的酿造

一、雪莉酒概述

雪莉酒（Sherry），是一种以白葡萄酒作为基酒，在发酵结束后加高度烈酒强化，存放在索雷拉系统（Solera System）中陈年的加强型葡萄酒。

如同只有在法国香槟地区生产的起泡酒才可称为"香槟"一样，只有位于西班牙南部的赫雷斯－德拉弗龙特拉镇（Jerez de la Frontera）及其周边地区酿造的这种类型的酒才可称为雪莉酒，雪莉酒既是酒的名称，又是严格限定产区的加强型酒。

酿造雪莉酒的产区主要位于西班牙南部的安达卢西亚。包括赫雷斯－德拉弗龙特拉（Jerez de la Frontera）、圣玛利亚港（El Puerto de Santa María）和桑卢卡尔德巴拉梅达（Sanlúcar de Barrameda）之间的地区。

帕罗米诺（Palomino）、佩德罗西曼尼斯（Pedro Ximenez）和麝香葡萄（Moscatel Gordo Blanco，简称 Moscatel）是酿造雪莉酒的主要葡萄品种。根据含糖量多少，雪莉酒可分为干型、自然甜型、加甜型三种，大多干型雪莉酒是用帕罗米诺葡萄酿造，而甜型雪利酒则用麝香葡萄或佩德罗西曼尼斯葡萄酿造。

二、雪莉酒的酿造工艺

（一）雪莉酒基酒的酿造

雪莉酒的基酒发酵同白葡萄酒发酵相似，葡萄采收后尽快压榨以减少单宁的浸出，葡萄汁自然澄清数小时，以减少悬浮物的比例。同时，要添加适量的二氧化硫防止杂菌污染和减少氧化。

在雪莉酒产区，由于葡萄汁 pH 较高，通常加入酒石酸以提高酸度。在传统工艺中，也向葡萄汁中加入硫酸钙，一方面会降低 pH，同时也为酒提供硫酸盐。

发酵通常在不锈钢罐中进行，控温在 23~25℃。发酵后得到酒精度为 11%~12% 的干型基酒。发酵后的基酒分为两种类型，用于生物型熟化的基酒和用于氧化型熟化的基酒。

（二）雪莉酒的强化

发酵结束后，通过添加约 95% 酒度的中性葡萄酒精（拉曼恰地区常用艾伦酿造的白兰地酒精）进行强化。雪莉酒基酒进行强化后，会根据所要酿造的雪莉酒风格，将基酒度数提高到 15% 或 17%。强化到 15% 的基酒，通常会用于酿造生物型的菲诺雪莉，或经过酒花作用短期陈年后进行二次强化基酒至 17%，用于生产阿蒙提拉多雪莉酒（Amontillado）。而强化到 17% 的基酒，会通过氧化型熟化用于生产欧罗索雪莉酒（Oloroso）。

（三）雪莉酒的熟化

1. 索雷拉系统

索雷拉系统由多组橡木桶构成，称为层级，存放着平均熟化期不同的酒液。这些层级被称为培养层（Criadera），而熟化过程是每隔一段时间就将上一层级的酒液转移到下一层级，让较年轻的酒液和较成熟的酒液混合起来。为了避免混淆，用索雷拉系统（Solera System）指代这种熟化方法，而用索雷拉（Solera）指代系统中最后的一个层级，是装有平均熟化期最长的酒液。整个熟化过程概括如下。

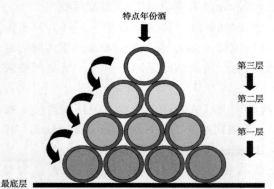

图 13-1. 雪莉酒索雷拉系统

（1）用于装瓶的酒液从索雷拉系统的索雷拉层取出。从这一层级的每个橡木桶中取出相同容量的酒液。

（2）索雷拉这一层级的酒液并不完全取出，并且用上一层级（第一培养层）平均熟化期较短的酒液将每个橡木桶重新装满。重新装满的过程分为三个步骤。从第一培养层的每个橡木桶中取出相同容量的酒液，然后将从第一培养层取出的所有酒液混合起来，最后再用这些混合的酒液将索雷拉这一层级的每个橡木桶加满。

（3）之后用完全相同的方法从第二培养层中取出酒液将第一培养层的每个橡木桶加满，依此类推，每一培养层都用上一层较年轻的酒液来加满。

（4）装有最年轻的酒液的培养层通常用放置阶段的酒液来重新装满。培养层的层数可以少则三层多至十四层不等。

由于每次将酒液从索雷拉系统的一层移至下一层时都要进行系统的混合，所以"熟化期"是指被取出装瓶或混合的雪莉酒酒液的平均熟化期。

虽然索雷拉系统很复杂，但其主要优势在于每次被取出装瓶或混合的酒液都是相同的。被加入到下一层的酒液呈现出与之混合的较成熟的酒液特征，这正是索雷拉系统的功能之一。然而，如果最初加入系统的酒液品质较低或是每年取出的酒液过多，则不能保持其一致性。

2. 生物型熟化

发酵结束后，酒体较轻、颜色较淡、带有更多"细致感"的基酒被选择用于生物型熟化。

生物型熟化中的酒花是浮在酒液表面的一层象牙色的、皱缩的、蜡质的酵母膜。这些酵母菌酒花是在自然气候条件下形成的，其厚度可达2cm，能使酒液和空气隔绝开来。酵母菌以酒液中的酒精、养分和空气中的氧气为食物，代谢出大量芳香物质，主要为酯类和醛类，为雪莉酒带来与其他酒完全不同的风味，包括新鲜杏仁的香气、烤面包的香气以及青苹果的香气等。

为了迅速生长，酒花需要精确的酒精度、温度和湿度，所以每个酒窖的温度、湿度基至酒窖中橡木桶的位置都会影响到熟化中的雪莉酒风格。酒花在酒精度高于15.5%的酒液中便不能繁殖，并且喜好凉爽至温和的温度以及高湿度。因此，酒花在春季和秋季生长旺盛，而在冬季和夏季则会枯死。

生物型熟化的雪莉酒颜色呈现浅柠檬色，酒体轻盈，有鲜杏仁风味，新鲜净爽，但不宜陈年，应尽早饮用。

图13-2 雪莉酒"酒花"

3. 氧化型熟化

氧化型熟化的雪莉酒不需要酒花的作用，部分装满酒液的橡木桶中的氧气在很大程度上增强了对这些酒液的氧化影响。颜色较深、酒体较饱满、口感更醇厚的基酒常用于氧化型熟化。

雪莉酒可以经过长达30年的氧化型熟化，虽然极少的酒液能够达到这样长的熟化期。随着熟化，由于水分的蒸发，这些酒液的酒精度高达22%，风味成分如甘油、乙酸等也会更加集中。

使用氧化型熟化的雪莉酒颜色偏深，呈现金色、琥珀色等，酒体更饱满圆润，风味中有氧化带来的焦糖与坚果气息。

三、雪莉酒的风格特点

雪莉酒的风格大体分为三种，即干型雪莉酒（Vinos Generosos）、天然甜型雪莉酒（Naturally Sweet Sherry）和加甜型雪莉酒（Strengthen Sweet Sherry）。

干型雪莉酒类型包括菲诺雪莉酒（Fino）、曼萨尼亚雪莉酒（Manzanilla）、阿蒙提拉多雪莉酒（Amontillado）、欧罗索雪莉酒（Oloroso）和帕罗卡特多雪莉酒（Palo Cortado）。菲诺雪莉酒酒色通常为稻草黄或者是淡黄色的，不适宜在瓶中陈年。曼萨尼亚雪莉酒酒色为淡稻草黄，口感锋利而精致，带有甘菊花香、杏仁、面团气息，酸度低，余味长。阿蒙提拉多雪莉酒呈琥珀色，有榛子、杏仁、陈年葡萄酒香以及轻微酵母香。欧罗索雪莉酒口感温润饱满，同时复杂有力，以氧化性香气为主，如咖啡、皮革、香料和核桃等香气。

天然甜型雪莉酒包括佩德罗－希梅内斯（Pedro Ximenez）、麝香葡萄酒（Moscatel）。佩德罗－希梅内斯雪莉酒呈深棕色，浓稠，充满了陈化芳香，通常带有该葡萄品种的干葡萄香，多有乌梅干、桃干、坚果等香气，口感柔滑。麝香葡萄酒酒色也是深棕色的，很甜，主要香气是葡萄品种的香气。

加甜型雪莉酒包括浅色加甜型（Pale Cream）、半甜型（Medium）、加甜型（Cream）。浅色加甜型雪莉酒颜色偏稻草黄，带有一丝榛子和面团的味道，口感清淡新鲜。半甜型雪莉酒颜色呈琥珀色或者更深，带有柔和的甜品、烤苹果的味道，口感先干后甜。加甜型雪莉酒颜色为深红褐色，味甜、柔顺，带有陈年红茶和葡萄干的气息。

第二节　波特酒的酿造

一、波特酒概述

波特酒是一种通过向葡萄醪中添加白兰地终止发酵而成的酒精度较高的加强酒。

酿造波特酒的品种主要有国产多瑞加（Touriga Nacional），卡奥红（Tinta Cao），巴罗卡红（Tinta Barroca），法国多瑞加（Touriga Francesa）和罗丽红（Tinta Roriz，西班牙称Tempranillo），其中国产多瑞加最为著名，酿造的波特酒颜色深黑，单宁强劲。葡萄牙是酿造波特酒最主要的产区，主要葡萄种植区沿杜罗河分布，可分为三个子产区，分别为下科尔戈（Baixo Corgo）、上科尔戈（Cima Corgo）和上杜罗河（Douro Superior）。

根据波特酒产品类型和风格特点，通常可以分为五大类：宝石红波特（Ruby Port）、茶色波特（Tawny Port）、白波特（White Port）、年份波特

（Vintage Port）和迟装瓶年份波特（Late Bottled Vintage Port）。而根据颜色可以分为宝石红波特（Ruby Port）、茶色波特（Tawny Port）、白波特（White Port）和桃红波特（Rose Port）四大类。白波特和桃红波特非常少见，而宝石红波特和茶色波特则是波特酒家族的主力军，通常所说的波特多指红波特酒。

二、波特酒的酿造工艺

波特酒是一种人为终止发酵的葡萄酒，在酒精发酵结束前用高度酒精终止发酵，所以一般波特酒含有较高的残糖。整体的工艺流程包括基酒的酿造、发酵终止（高度酒强化）、陈年以及后续的处理灌装等。

1. 基酒的酿造

随着酿造技术的提升和酿酒理念的转变，波特酒的酿造大致经历了传统法、Autovinifier 系统法（自动泵送机）和 Robotic Lagar 系统法（机械槽）三个不同阶段。

（1）传统法

葡萄在采收后，会被倒入巨大的方形容器中，通过人工脚踩进行破碎和浸渍。这种容器一般深度约 80~100cm，容积为 8000~14 000 L，传统上用花岗岩做成，现在更多的是不锈钢或者水泥包覆环氧树脂。

去梗后的葡萄被倒入容器中，直到距离上缘 15~20 cm 的深度。一群男人肩并肩排成一列，一起高高抬腿再坚实落下，在容器内并行踏步来回踩踏，将葡萄皮踩破，单宁、颜色及酚类物质萃取出来。

（2）Autovinifier 系统法（自动泵送机）

该法源于阿尔及利亚设计的 Ducellier 系统，是一种不用电力的酿造方式。Autovinifier 系统法的发酵罐有着特别设计的结构。在酒精发酵中产生的二氧化碳让发酵罐内压力上升，将一部分发酵中的酒液通过管道输送到上方的酒槽，发酵罐中的液面也就随之降低。当液面降低到一定程度时，无法覆盖住连接外界气压的输送管，发酵罐内的二氧化碳开始排出到大气中，使得罐内的压力降低，上方酒槽内的酒液回流到容器中。如此不断地循环，可以不用电力实现自动循环。

在 Autovinifier 系统法的自动循环中，酒精发酵产生的热量可以及时排出，避免了因温度过高造成发酵终止；在酒液回流到发酵罐的过程中，也能够产生类似淋皮的效果；循环中增加了与空气的接触，还使得酒液有机会获得适当的氧化，增加酒的复杂度。种种好处，使得 Autovinifier 系统法在波特酒产区深受欢迎，大行其道。

（3）Robotic Lagar 系统法（机械槽）

1994年，Quinta do Noval 酒厂的总酿酒师安东尼奥·阿格雷洛斯（Antonio Agrellos）第一次尝试在传统的花岗岩槽内安置了机器柱子。这些柱形结构可以一定程度上模拟人脚的踩踏。再往后有人用硅胶做出了机械脚（Port-toes），现在甚至还可以通过计算机来真实模拟人工踩踏的频率与力度。相应地，现在更多地使用有温控设备的不锈钢槽来代替了大理石，才形成了完整的 Robotic Lagar 系统。

2. 添加加强型烈酒

当酒精浓度到达 5%~9% 时，就开始终止发酵，以约 4∶1 的比例加入酒精浓度通常为 77% 的葡萄烈酒终止发酵。加强后的波特酒酒精浓度可达 19% 至 22%，并且具有一定的甜度。

添加加强型烈酒计算公式如下：

$$X = \frac{V(C-A)}{B-C}$$

X，添加的蒸馏酒精体积；V，葡萄酒的体积；A，葡萄酒的酒精度；B，蒸馏酒精的酒精度；C，添加后的波特酒精度。

例如：向酒度为 7% 的葡萄酒基酒（体积为 100L）中添加酒度为 77% 的白兰地，最终得到酒度为 19% 的波特酒，需添加的白兰地体积为：100×（19%-7%）÷（77%-19%）≈20.7L。

三、波特酒的风格特点

（一）宝石红波特（Ruby Port）

宝石红波特因其显著的红宝石酒色而得名，是由不同年份的葡萄酒混合酿造而成。普通的宝石红波特通常在不锈钢或大橡木桶中陈年不超过 3 年。宝石红波特颜色较深，果味浓郁，一般不适合在瓶中陈年，装瓶以后就可以饮用。因此，宝石红波特也属于一款年轻、经济、入门级的波特酒。

而珍藏宝石红波特在装瓶之前要在大橡木桶中熟化 3~5 年。酒体饱满，果味比起普通的波特酒更加浓郁，经过比较长时间的熟化以后，口感更加圆润。珍藏宝石红波特在酒标上通常会注明 Reserve Ruby Port（或 Porto）的字样。

（二）茶色波特（Tawny Port）

与宝石红波特相比，茶色波特颜色明显淡很多，类似茶色或棕色。茶色波特也有不同的档次和风格，有比较廉价、风味简单的普通茶色波特酒；也有熟化时间很长（至少 7 年），风味复杂，口感柔和平滑的珍藏茶色波特酒（Reserve Tawny Port），颜色呈浅褐色或红茶色。

茶色波特一般陈酿 6 年以上，依据年份划分为 10 年、20 年、30 年和 40 年以上几等，年份用来表示调配波特的酒的平均年龄，而不是法律所要求的最短时间。茶色波特在名为"Pipe"的小橡木桶中经过长时间的有氧熟化，酒液会呈现出石榴红色，最终变成红茶色，只有熟化期最长的才会完全变成棕色。在熟化过程中，新鲜水果香气会渐渐消失，会产生葡萄干、核桃、咖啡、巧克力和焦糖的香气。

（三）迟装年份波特（Late Bottled Vintage Port）

迟装年份波特是指采用同一年份的葡萄酿成的宝石红波特，在木桶内陈年 4~6 年后装瓶，大多数这种类型的波特在装瓶后即可饮用。迟装年份波特具体可以分为现代迟装年份波特（Modern LBV）和瓶中熟成迟装年份波特（Bottle Matured LBV）两种不同风格。

1. 现代迟装年份波特（Modern LBV）

装瓶前要过滤，无须醒酒，开瓶后即可饮用。相比珍藏宝石红波特，风味更加浓郁复杂，且有明显收敛感。

2. 瓶中熟成迟装年份波特（Bottle Matured LBV）

未经过滤，装瓶后还需在瓶中熟成 3 年方可上市发售，会发展出更复杂浓郁的风味，酒中有沉淀，饮用前需醒酒。顶级的该种波特在品质上可媲美年份波特。

（四）年份波特（Vintage Port）

在普通静态葡萄酒里，年份只是用来说明这瓶酒的葡萄采摘年份。而对于年份波特来说，年份意味着这是最顶级的波特，基酒必须产自同一年份，年份波特产量不及波特总产量的 1%。年份波特不仅在质量和产量都达到最佳水平的年份生产，还需要向波特管理组织（Instituto dos Vinhos do Douro e Porto，简称 IVDP）报备，并需获得批准。

年份波特仅选用 A 级园的葡萄，平均每 10 年只有 3 个年份能出年份波特。年份波特一般在陈年 2~3 年后装瓶。年份波特能够在缓慢的瓶中陈年中演化出非常复杂和有趣的香气，生命力长达 50 年。年轻时，酒液颜色常呈深黄棕色，果味微妙，口感黏稠复杂，由于酚类物质含量高，瓶中沉淀很厚，所以饮用之前需要醒酒。

（五）桃红波特（Rose Port）

桃红波特的颜色来自压榨时的轻微浸渍，在酿造过程中要避免与氧气接触。口感柔和，散发新鲜樱桃、覆盆子和草莓香气，令人愉悦。

桃红波特是波特大家族中十足的新人。2008年，第一款桃红波特由泰勒公司（Taylor Fladgate）的合作商——葡卡斯（Poas）公司和高乐福（Croft）公司联合推出，由此才正式宣告诞生，并赢得了不少年轻人的青睐。

从原料和工艺方面而言，它属于宝石红波特酒，只是采用了类似桃红葡萄酒的放血法酿造。酒体呈浅红色或粉红色，口感清新、芳香，不宜久存。

桃红波特价格便宜，注重新鲜度，购买后应尽早饮用。

（六）白波特（White Port）

白波特即采用白葡萄酿造而成的波特。在葡萄牙，可用于酿造白波特的法定葡萄品种有50多种。

白波特可分为干型和甜型两种类型，而甜型的白波特更为常见。甜型的白波特在获得自流汁后进行3天的发酵，随后在橡木桶中陈年3至5年。该种风格的波特酒会有蜂蜜、焦糖和榛子的风味，适合搭配蛋糕和甜点。而干型的白波特发酵时间更长，约为1周，随后在橡木桶中陈年5至10年。其口感不似甜型白波特酒般甜蜜，而是淡淡的甜美感，适合作为开胃酒饮用，亦可搭配奶酪和寿司等食物。

第三节　马德拉酒的酿造

一、马德拉酒概述

马德拉酒，是以葡萄酒为基酒，加入高浓度的葡萄酒精，经过陈酿而成的加强型葡萄酒。不同于其他葡萄酒，马德拉酒的特别之处在于，需要经过较高温度的熟化并进行长时间的陈年，使酒更加醇厚，风味更加浓郁。马德拉酒可以陈放数十年甚至长达数百年，因此也被称为"不死之酒"。

与雪莉酒相似，马德拉酒同样受法定产区法律保护，必须产自葡萄牙马德拉岛。酿造马德拉酒的主要白葡萄品种有舍西亚尔（Sercial）、华帝露（Verdelho）、布尔（Bual）和马尔维塞（Malvasia），主要红葡萄品种有黑莫乐（Tinta Negra Mole）。

二、马德拉酒的酿造

（一）马德拉酒酿造的基本工艺流程

马德拉酒酿造的工序流程见图13-3。

图 13-3　马德拉酒酿造工艺流程图

（二）马德拉酒工艺要点

强化和马德拉的熟化是马德拉酒最重要的两个酿造过程。

1. 马德拉酒的强化

马德拉酒加强的时间取决于所需要的甜度，通常在发酵后的 2~5 天，酿酒师会加入酒精度为 96% 的葡萄蒸馏酒，用以终止发酵（酒精度超过 16% 时，酵母会被杀死），最终得到酒精度为 17%~18% 的葡萄酒。由于发酵终止的时候，酵母没有将葡萄汁里所有的糖分都转化成酒精，导致酒液里还剩有不少的残糖，最终得到的马德拉酒也会有甜度。

如果在发酵前期进行加强，酒中残糖含量较高，例如马尔维塞（Malvasia）马德拉酒；在发酵后期残糖约为 25~50g/L 时加强，马德拉酒甜度相对较低，例如舍西亚尔（Sercial）马德拉酒。

2. 马德拉酒的加热熟化工艺

马德拉酒的加热熟化方式主要有蒸汽室法（Estufagem）和阁楼法（Canteiro）两种。

（1）蒸汽室法（Estufagem）

将发酵后的马德拉葡萄原酒装入温控罐，升温至 50 度左右，持续 3 个月。或者将其装入大橡木桶，置于蒸汽室内，热力接触 6 到 12 个月。前者会给酒液带来略苦的焦糖风味，用于生产大批量的马德拉酒；后者能得到相对柔和一些的酒液，但使用并不普遍，这两者统称为蒸汽室法。

（2）阁楼法（Canteiro）

将装有马德拉葡萄原酒的木桶搬进采光良好的阁楼，通过阳光的热力进行缓慢熟化。阁楼法熟化时间长，通常 5 年左右的阁楼法

图 13-4　蒸汽室法酿造设备

熟成效果相当于 3 个月的蒸汽室法熟成效果，但品质更高，香气更加浓郁复杂。因此，阁楼法的熟成方法常用于生产顶级马德拉酒。

三、马德拉酒的等级和风格特点

根据陈年时间不同，马德拉酒分为三年陈年（Finest/3 Year Old）、珍藏级（Reserve）、特别珍藏级（Special Reserve）、超级珍藏级（Extra Reserve）和弗拉科拉（Frasqueira）。

三年陈年（Finest/3 Year Old）：采用蒸汽室法（Estufagem）酿制，在不锈钢罐中陈年（极少数会经过橡木桶陈年）之后就装瓶。酿酒品种主要是黑莫乐（Tinta Negra Mole）。

珍藏级（Reserve）：5 年陈年，通常采用蒸汽室法熟化，部分的调配酒会在橡木桶中熟成。大多由黑莫乐品种酿造，但也有部分使用贵族品种。

特别珍藏级（Special Reserve）：10 年陈年，通常采用阁楼法熟化，在美国白橡木桶中进行加热和陈年。通常主要由贵族品种酿造，并标注品种。

超级珍藏级（Extra Reserve）：15 年陈年，通常采用阁楼法熟化，在美国白橡木桶中进行加热和陈年。通常主要由贵族品种酿造，并标注品种。熟成时间超过 15 年的马德拉通常直接标注陈年时间。

弗拉科拉（Frasqueira）：用来自同一年份的贵族品种酿造。采用阁楼法熟化，需要在橡木桶里经过至少 20 年的陈年。抗氧化能力惊人，是马德拉不死之身的最高代表。

马德拉可以分为无年份马德拉和年份马德拉，前者采用不同年份的酒液进行调配，标注平均陈年时间，是大部分马德拉的酿造方法；后者只在最好的年份酿造，产量稀少，价格也更高。

马德拉酒有着明亮的金色、琥珀色外观，入口酸甜平衡，饱满圆润，充满了榛子、咖啡、果脯和焦糖风味，余味悠长且非常有层次。

思考与练习

1. 在雪莉酒的酿造过程中，什么样的基酒更适合生物型熟化？生物型熟化需具备的条件是什么？

2. 简要叙述酿造雪莉酒的索雷拉熟化体系。

3. 简要说明宝石红波特和茶色波特有什么区别。

4. 酿造马德拉酒的主要葡萄品种有哪些？

第十四章
其他葡萄酒的酿造

本章导读

本章主要介绍山葡萄酒、味美思葡萄酒和无醇葡萄酒三种较为小众的葡萄酒。从酒的概念、酿造工艺、酒款风格等方面分别进行介绍。

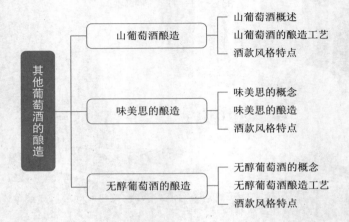

1. 理解并掌握山葡萄酒、味美思和无醇葡萄酒的主要酿造关键点；
2. 理解工艺选择与原料特点和产品风格的关系；
3. 能熟练准确地运用所学知识解读酒标。

第一节 山葡萄酒酿造

一、山葡萄酒概述

（一）山葡萄酒定义

根据国家标准 GB/T 27586—2011 规定，山葡萄酒是指采用鲜山葡萄（包括毛葡萄、秋葡萄、刺葡萄等野生葡萄，家植山葡萄及其杂交品种）或山葡萄汁经过全部或部分发酵酿制而成的葡萄酒。由于山葡萄酒的特殊性，在我国《葡萄酒》标准（GB15037—2006）中，将其列为"特种葡萄酒"。

（二）山葡萄酒的原料特性与分布

山葡萄酒原料包括山葡萄及其杂交品种，毛葡萄、刺葡萄、秋葡萄等野生葡萄。在山葡萄酒原料中，以山葡萄和其杂交品种为主，所以后续内容的介绍主要以东北山葡萄为主，分析山葡萄的特点和其特定酿造工艺。

图 14-1 毛葡萄桂葡一号

1. 抗寒性

山葡萄（Vitis Amurensis Rupr）是葡萄属中最为抗寒的种，枝蔓甚至可耐 −45℃低温，根系可耐 −16~−14℃低温，是培育优质、抗病、抗寒新品种的宝贵种质资源和砧木育种资源。由于其独特的抗寒性，即使在寒冷的产区也无须埋土，简化种植要求和节约成本。

2. 抗病性

山葡萄对白粉病、炭疽病、白腐病、黑痘病等有较强的抵抗力。

3. 酿酒特性

山葡萄具有酸高、糖低、色浓、矿物质、维生素等营养成分含量及单宁等酚类化合物含量高、低出汁率等特点。

图 14-2 刺葡萄

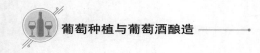

4. 分布

山葡萄由于其独特的抗寒性，主要分布在中国东北、朝鲜、俄罗斯远东等地。东北长白山的山葡萄满语称为"阿鲁"，在清朝时作为贡品深受皇亲贵族的青睐。

目前，我国山葡萄的种植区域主要集中在东北产区，在宁夏、甘肃等地区也有少量种植，主要山葡萄品种有公酿1号、双优、双红、左山一、北冰红等。

二、山葡萄酒的酿造工艺

葡萄酒的酿造工艺和葡萄原料密切相关，山葡萄酒整体的酿造工艺和桃红葡萄酒以及部分红葡萄酒类似，在酿造工艺中会根据山葡萄的特点做调整。

（一）山葡萄高酸低糖特性与工艺处理

1. 原料处理（降酸、调糖）

（1）降酸：可以采用 $CaCO_3$ 进行分次的降酸处理，每次降 2g/L 左右。

（2）升糖：可分 2~3 次加入白砂糖，每次加入总量的 1/3~1/2；分期补加砂糖，使最终酒的酒精含量达 12%~13%vol。山葡萄的高酸性，也经常会被调糖酿成低酒度的甜酒来平衡天然的高酸。

2. 酵母的选择

需选择山葡萄酒专用酵母，以适应其高酸 20g/L、低糖 100g/L、单宁含量高的特点。

3. 调配用酒

山葡萄也可以被发酵成为基酒，与其他酒进行调配，以增加酒的酸度和特殊的香气，可节约成本。

（二）高色素、高单宁、皮渣多与工艺处理

山葡萄的葡萄皮中色素和单宁含量较高，皮渣也较多。在发酵过程中，如果皮渣与醪液接触时间较长，会使酒色泽太深，涩味过重。因此需尽量缩短皮渣与醪液的接触时间。另外还可通过降低浸皮温度、减轻循环力度来减少单宁等物质的浸出。

（三）其他特点与工艺处理

山葡萄抗寒性强，可以在寒冷的气候下生存，所以可以成为冰葡萄。例如北冰红等极具耐寒特性，常被用来酿造冰葡萄酒。

另外一些山葡萄酒也具有陈年潜力，可以进行橡木桶陈酿，如果前期单宁的苦涩感明显，可以适当延长陈酿期，或者用其他辅料来减少单宁带来的这种感觉。有些酒庄还利用山体地势的高低，采用重力酿造法来生产山葡萄酒。

三、酒款风格特点

山葡萄酒的产品类型较多，和其他葡萄酒的分类一样，按色泽分为白山葡萄酒、桃红山葡萄酒、红山葡萄酒；按含糖量分为干山葡萄酒、半干山葡萄酒、半甜山葡萄酒、甜山葡萄酒；按二氧化碳含量分为平静山葡萄酒、山葡萄汽酒。

市面上常见的山葡萄酒有甜型山葡萄酒、北冰红冰酒、低醇和无醇山葡萄酒等。

整体来讲，山葡萄所酿造的酒通常颜色比较深，酒精度低，酸度高，香气风味独特。很多山葡萄酒为了平衡酸度会做成酒精度较低的甜型山葡萄酒，通常物美价廉。另外还有与山葡萄酒有关的产品，如浓缩山葡萄汁等饮料。

我国常见的山葡萄酒有："太阳之印"虎标、鹿标、紫貂标山葡萄酒；长白山冰红、冰白山葡萄酒、冰心（双优点、双红）；冰月（公主白）长白山冰山葡萄酒和长白山寒地窖藏甜山葡萄酒（十年窖藏，双优、双红）；长白山寒地葡萄酒（霜后，双优、双红）；爱在深秋通化北冰红晚收甜红山葡萄酒；雅罗阳光霜后山葡萄酒；通天晚收高级山葡萄酒（天赐系列）；华龙北冰红山葡萄酒；佳美利雅甜山葡萄酒等。

 ## 第二节 味美思的酿造

一、味美思的概念

味美思属于加香葡萄酒，根据《葡萄酒》国家标准（GB 15037—2006）规定，加香葡萄酒是以葡萄酒为酒基，经浸泡芳香植物或加入芳香植物的浸出液（或馏出液）而制成的葡萄酒。目前，加香葡萄酒以味美思最为常见。

二、味美思的酿造

味美思的基本工艺，包括前期基酒的酿造和后期加香处理。前期基酒的酿造和白葡萄酒酿造类似，这里不再赘述，后续将着重介绍加香工艺。另外基酒的不同，也会影响最终酒的品质，通常优质、高档的味美思葡萄酒，会选用酒体醇厚、口味浓郁的陈年干白葡萄酒作为基酒。

味美思的后期加香处理主要分为三种，直接浸泡法、发酵提取法或者直接加入芳香提取物。

1. 直接浸泡法

将称好的芳香植物及中药材粉碎后分别（或混合）装在白纱布袋中，浸泡于葡萄原酒中，密封，浸泡时间 1 个月左右。浸泡期间，每隔 5~6 天将布袋挤压一次，以促使芳香物质的溶出。同时，品尝药液，如药味过重，则应加入葡萄酒。反之，则延长浸泡时间，一直达到适宜的口味为止。

2. 发酵提取法

将配方中的药料分别粉碎后，放入发酵容器中，注入发酵的葡萄汁进行发酵。发酵应选择酒精效率高的酵母（能发酵至 16%vol 以上），分多次添加糖，发酵控温 16~18℃，发酵后的原酒在橡木桶或不锈钢罐中贮存至少 6 个月。

调配好的味美思要经过至少 1 年的贮存陈酿，而后进行冷热稳定处理，过滤装瓶。

3. 加入芳香提取物

用高度的白兰地或者其他高度食用酒精对芳香干料进行浸泡，把握浸泡提取时间。浸泡完成后不能直接加入酒中，需要在 3~4℃环境中冷置、过滤后方可加入。

三、酒款风格特点

由于独特的加香工艺，味美思葡萄酒会带有独特的香料风味。根据香料的不同，不同味美思的香气和口感不同。味美思葡萄酒有三种类型，即意大利型、法国型和中国型。意大利型是以苦艾为主要原料，具有苦艾的特有芳香，香气浓，稍带苦味，如仙山露（Cinzano）、马天尼（Martini）。法国型苦味突出，刺激性强，如杜波纳（Dubonnet）、皮尔（Byrrh）。中国型以张裕生产的味美思最早且最为有名，香气馥郁、回甘持久。

 ## 第三节　无醇葡萄酒的酿造

一、无醇葡萄酒的概念

根据《葡萄酒》国家标准（GB 15037—2006）规定，无醇葡萄酒是采用鲜葡萄或葡萄汁经全部或部分发酵，采用特种工艺加工而成的、酒精度为

0.5%~1.0%vol 的葡萄酒。

目前，无醇葡萄酒依然在葡萄酒类产品中属于小众酒，但它以更低酒精含量、健康、满足个性化需求等特点，越来越受到年轻消费群体的喜爱。

二、无醇葡萄酒酿造工艺

无醇葡萄酒的生产原理：一是减少葡萄或葡萄汁中可发酵糖含量，二是从葡萄酒中脱除酒精。无醇葡萄酒的酒精脱除工艺主要有膜分离法、真空蒸馏法、反渗透法和冷冻浓缩法。

（一）膜分离法

该方法所使用的膜是一种致密的渗透汽化膜，与常规的孔径筛分膜不同，它是根据酒膜材料的相似相溶性来实现分离的。

首先，葡萄酒中的香味物质在酒膜表面溶解，有机香味成分与酒膜材料溶解度参数越接近，溶解度就越高。然后，在负压作用下，香气组分在膜上下游形成分压差，并向酒膜的下游侧扩散。最后，香气成分和乙醇以分子的形式透过膜，并在膜下游侧脱附并冷凝成液态，从而被分离。

（二）真空蒸馏法

采用蒸发器或蒸馏柱，在真空状态下，液体沸点降低，将葡萄酒加热到25~50℃，对葡萄酒进行蒸馏。注意加热温度不要超过50℃，以防止不良风味的产生。这种方法会使葡萄酒中的中等芳香物质损失，但酸度、单宁等基本不变，另外热处理能耗高，增加了处理成本。

（三）反渗透法

反渗透法，也称为超过滤法，其原理是利用只允许溶剂透过、不允许溶质透过的半透膜，把葡萄酒中的芳香化合物和酚类物质与酒精和水分开，最后将脱醇的酒液与香气重新混合。

这种方法被证明是最有效的调节酒精含量和重新整合最易挥发的芳香物质的方法。由于是密闭循环，所以不损失香气，不接触空气，所以不氧化。利用反渗透技术分离出酒精，操作温度低（5~10℃），对酒的风味影响小，但需要补加水。

此法采用的是冷处理工艺，无芳香物质损失，但会造成酸度损失，且需定期更换膜。

（四）冷冻浓缩法

将葡萄酒冷冻至形成冰晶，然后分离出冰晶，这样可以将酒中的水通过冷冻除去，残余酒精可以通过真空蒸馏去除，达到酒精脱除的目的。

三、酒款风格特点

无醇葡萄酒与其他葡萄酒最大的区别在于其近乎无酒精度（＜1%vol），如果处理得当，无醇葡萄酒依旧可以保有葡萄酒的色泽、香气、单宁等物质。另外无醇葡萄酒由于酸度含量没有降低（总酸在4.0~7.5g/L），脱醇处理后酸度口感会比较突出，所以经常被做成具有一定含糖量的葡萄酒（总糖在20~100g/L），以红葡萄酒为主，多为果香型。有的也会选择在橡木桶中陈酿数月。

✍ 思考与练习

1. 山葡萄中的高浓度酸可以通过什么方法降低？
2. 味美思葡萄酒中加香的方法有哪些？
3. 无醇葡萄酒的优缺点是什么？
4. 如何向消费者推介一款无醇葡萄酒？

第十五章
葡萄酒常见缺陷

本章导读

　　葡萄酒是提供给消费者饮用的食品，必须符合食品品质与安全要求，其视觉、嗅觉和味觉方面的愉悦感受是其核心内容。在葡萄酒的生产、储存环节中，由于内在或外界因素的影响，葡萄酒可能发生不理想的物理、化学及感官变化，从而迅速降低葡萄酒的整体质量。因此，我们要认识最常见的感官缺陷，并了解引起这些感官缺陷的原因及预防措施。

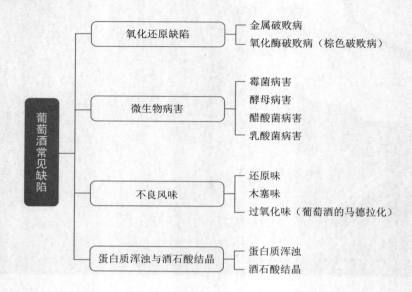

1. 掌握葡萄酒金属破败病的发病原理及处理措施；
2. 了解葡萄酒常见缺陷的诱因；
3. 当遇见带有缺陷的葡萄酒时能熟练地运用所学知识进行处理。

第一节　氧化还原缺陷

一、金属破败病

葡萄酒的金属破败病主要指由铁及铜所引发的破败病，正常情况下，葡萄本身大部分的铜离子及铁离子会在酒精发酵过程中被酵母同化，不会引起葡萄酒的病害。

1. 铁破败病的发病原理和预防

造成葡萄酒铁破败病的多余铁离子主要来源于葡萄酒酿造设备，特别是当设备条件较差时，设备中的铁离子会溶解到葡萄酒中，造成葡萄酒中铁离子含量过高。葡萄酒中的铁一般以 Fe^{2+} 的形式存在，当葡萄酒接触氧气后，Fe^{2+} 会被氧化为 Fe^{3+}，Fe^{3+} 可与葡萄酒中的某些成分结合形成不溶性物质，使葡萄酒变浑浊。当 Fe^{3+} 与磷酸盐反应，就会形成磷酸铁白色沉淀，称为白色破败病，多出现在白葡萄酒中；当 Fe^{3+} 与单宁反应，就会形成黑色或蓝色沉淀，称蓝色破败病。因为红葡萄酒的单宁含量较高，蓝色破败病多出现在红葡萄酒中。

为了避免葡萄酒中铁破败病的发生，在葡萄酒的酿造过程中，应尽量避免与铁器直接接触，以防止葡萄酒含铁量不正常的升高。还需注意分析葡萄酒生产过程中辅料（如下胶剂）的铁含量，避免葡萄酒受到氧化。此外，还可采取一些除铁措施，如柠檬酸除铁法。

2. 铜破败病的发病原理和预防

与铁破败病相反，铜破败病是在还原条件下出现的，因此，主要在装瓶后出现。造成葡萄酒铜破败病的多余铜离子主要来源于含铜农药的使用及铜制酿造设备。葡萄酒中的 Cu^{2+} 及 SO_2 反应生成 CuS，CuS 在氨基酸或蛋白质的作用下形成沉淀，称为葡萄酒的铜破败病。

为了避免葡萄酒中铜破败病的发生，在葡萄采收前 3 周应停止使用含铜类农药；在葡萄酒的酿造过程中尽量避免使用铜质酿造设备；对葡萄酒进行澄清处理，如下胶、过滤等操作，在去除胶体沉淀的同时也会降低铜离子的含量。

当瓶装葡萄酒出现金属破败病时不建议饮用。

二、氧化酶破败病（棕色破败病）

1. 氧化酶破败病的发病原理

在葡萄酒酿造过程中，氧化酶（漆酶及酪氨酸酶）可以使葡萄酒中的多酚类化合物氧化，生成不溶性沉淀，使葡萄酒的颜色变为棕褐色，从而导致棕色破败病。患有棕色破败病的葡萄酒还会带有不同程度的氧化味和蒸煮味。这些导致葡萄酒发生棕色破败病的氧化酶主要来源于霉烂的葡萄（霉菌代谢的产物）。

2. 氧化酶破败病的预防

为了避免葡萄酒中氧化酶破败病的发生，在葡萄酒的酿造过程中，要进行严格的原料分选，去除霉烂果实；根据果实的健康状况，适当增加二氧化硫的添加量，以抑制氧化酶的活力；对于已发病的葡萄酒，可进行加热处理，以破坏氧化酶，加热过程需严格控制温度和时间。此外，铜离子可催化酪氨酸酶的活性，需严格控制葡萄酒中铜离子的含量。

当瓶装葡萄酒出现氧化酶破败病时不建议饮用。

第二节　微生物病害

葡萄酒的酿造离不开微生物，当发酵结束后，葡萄酒中残留的或外界环境中进入的微生物会代谢葡萄酒的成分，破坏葡萄酒本身的胶体平衡，形成浑浊或沉淀，并破坏葡萄酒的风味，这时微生物就变成了影响葡萄酒品质的因素。

一、霉菌病害

1. 霉菌病害的发病原理

霉菌病害主要发生在葡萄酒在储酒罐的储存期，葡萄酒在储存期，其液面与空气接触，会在酒液表面形成膜，破坏葡萄酒的风味，给葡萄酒带来不愉悦的霉味。霉菌除了会造成葡萄酒液面的病变外，还会污染取样阀。

2. 霉菌病害的预防

为了避免霉菌污染，在葡萄酒的储存过程中，尽量进行满罐储存，并用惰性气体隔绝液面，及时检查液面。在进行取样操作后及时对取样阀进行冲洗，并用 75% 的酒精进行消毒。

3. 瓶装葡萄酒的霉菌感染

对于瓶装葡萄酒，如果储存环境比较潮湿时，软木塞处也会出现霉菌感染。当软木塞的上表面发霉，下表面没有发霉，霉菌不会影响到酒液，对葡萄酒的品质没有任何不良影响。当将葡萄酒竖立陈放，软木塞变干，密闭性变差，霉菌进入到酒瓶内部，就会出现软木塞上下表面都发霉的现象，此时霉菌已经感染了瓶内的葡萄酒。

当瓶装葡萄酒软木塞的上表面发霉，下表面没有发霉时可以饮用；当软木塞上下表面都发霉时不建议饮用。

二、酵母病害

1. 酒花病

葡萄酒与空气接触一定的时间后，葡萄酒的表面会逐渐形成一层灰白色的膜，开始时较光滑较薄，随后慢慢地加厚，称为酒花病。酒花病是由假丝酵母引起的。此外，毕赤酵母、汉逊氏酵母等都可在葡萄酒表面生长，形成膜。假丝酵母常存在于成熟葡萄果实的果皮上及酿酒设备上，在酒精发酵初期，其会在葡萄汁中进行繁殖，随着酒精度的提高及氧气含量的降低，其繁殖活动逐渐减缓。在非满罐储存的葡萄酒液面，假丝酵母会逐渐繁殖，并引起葡萄酒中的乙醇和有机酸的氧化，使酒精度和总酸降低，另外，乙醇的氧化产物乙醛会给葡萄酒带来明显的氧化味。假丝酵母对酒精较敏感，在低酒精度的葡萄酒中容易繁殖，当葡萄酒的酒精度在 10%vol 以上时，假丝酵母的繁殖就会被抑制。因此，为了避免产膜酵母的繁殖，应尽量进行满罐储存（特别是酒精度低于 10%vol 的葡萄酒），以防止葡萄酒与空气接触，适当提高葡萄酒中游离二氧化硫的含量，降低储存温度及 pH 值。

在适宜的条件下，酵母会利用葡萄酒中的残糖再发酵。引起再发酵的酵母菌主要有酿酒酵母、酒香酵母、拜尔酵母、路氏类酵母及毕赤酵母。

2. 酿酒酵母引起的再发酵病害

酿酒酵母为酒精发酵的主导菌种，其抗二氧化硫能力强，可在葡萄酒的储存过程中存活下来，引起葡萄酒再发酵，产生较多气体，引起瓶内压力升高，给消费者带来安全隐患。

3. 酒香酵母引起的再发酵病害

酒香酵母常隐藏于橡木桶的裂缝中，因此，经常出现在经橡木桶陈酿的葡萄酒中。酒香酵母引起的再发酵给葡萄酒带来典型的"鼠尿味"，酒香酵母在有氧及无氧条件下都可繁殖。为了避免酒香酵母的污染，应注意维持橡木桶内外的卫生，并保持足够浓度的二氧化硫含量。

4.其他酵母引起的再发酵病害

拜耳酵母对二氧化硫的抗性较强，但不耐高酒精度，主要引起酒度低于15%vol 的葡萄酒的再发酵。路氏类酵母可通过生成乙醛而结合葡萄酒中游离的二氧化硫，从而降低葡萄酒中游离二氧化硫的含量，进而引起葡萄酒的氧化及其他微生物病害。毕赤酵母可在葡萄酒表面形成膜，并发酵葡萄酒中残留的葡萄糖和果糖，引起葡萄酒挥发酸含量的升高。

当瓶装葡萄酒出现酵母病害时不建议饮用。

三、醋酸菌病害

1.醋酸菌病害的发病原理

醋酸菌是一种专性需氧菌，可将葡萄酒中的酒精氧化为乙酸和乙醛，造成葡萄酒酒精度降低，挥发酸含量升高，并给葡萄酒带来不愉悦的酸涩味和刺激感。醋酸菌通常在与空气长期接触的 pH 值较高（pH > 3.1）的葡萄酒的液面上滋生，开始会在液面上形成灰色透明薄膜，随后薄膜加厚，并带玫瑰色。此后薄膜还可沉入酒中，形成黏稠的物体。

2.醋酸菌病害的预防

为了避免醋酸菌的繁殖，需保持良好的卫生条件，并保证葡萄酒的固定酸含量足够高；适当地提高游离二氧化硫的含量，严格避免葡萄酒与空气接触。

当瓶装葡萄酒出现醋酸菌病害时不建议饮用。

四、乳酸菌病害

乳酸菌是进行葡萄酒苹果酸乳酸发酵的菌种，发酵结束后葡萄酒的口感和风味得到改善，但在合适的条件下，乳酸菌还可利用残留的糖、有机酸及甘油等进行繁殖，从而引起葡萄酒病害。乳酸菌病害主要受葡萄酒中糖及 pH 值两个方面的影响，pH 值决定了乳酸菌的种类和被分解的物质。如果某细菌分解糖和分解酸的 pH 值相差较大，则在某一 pH 值条件下，它只能分解一种物质（糖或有机酸），这种引起葡萄酒病害的细菌为纯发酵细菌。如果某细菌分解糖和分解酸的 pH 值相近，则细菌在临界 pH 值条件下可分解多种物质，这种细菌为异发酵细菌。葡萄酒病害常由异发酵乳酸杆菌引起。

1. 酒石酸发酵病的发病原理

当分解底物为酒石酸时，乳酸菌可将酒石酸分解为乙酸、丙酸和乳酸以及二氧化碳，称为酒石酸发酵病。患病葡萄酒会变得浑浊、寡淡，失去色泽，挥发酸含量提高，固定酸的含量降低，对细菌的抗性降低。该病主要在含酸量低、pH 值较高（pH＞3.4）、含氮量较高，且有一定残糖的高温储存的葡萄酒中出现。

为了避免酒石酸发酵病的出现，在酒精发酵过程中避免温度过高，发酵尽可能彻底，降低残糖含量，葡萄酒储存过程中保持低温及足够浓度的游离二氧化硫。

2. 甘油发酵病

当分解底物为甘油时，乳酸菌可将甘油分解为乳酸、乙酸、丙烯醛和其他脂肪酸，其代谢产物丙烯醛与多酚物质作用会产生明显的苦味，称为苦味病或甘油发酵病。患病葡萄酒会出现明显色素沉淀，并释放出二氧化碳，具有明显的苦味，该病主要发生于瓶装红葡萄酒。其预防措施与其他细菌性病害的预防相同。

3. 甘露糖醇病

当分解底物为葡萄糖或果糖时，乳酸菌可将果糖代谢为甘露糖醇，将葡萄糖代谢为乙酸或乳酸，称为甘露糖醇病或乳酸病。患病葡萄酒既有乳酸和醋酸味，又具有甘露糖醇的甜味，挥发酸和固定酸的含量都增高，带有腐烂水果的味道。在酒精发酵期间，较高的 pH 值及发酵温度可引发该病，为预防甘露糖醇病的发生，在发酵过程中尽量防止温度过高而导致的发酵停止，并维持足够浓度的游离二氧化硫。

当瓶装葡萄酒出现乳酸菌病害时不建议饮用。

 ## 第三节　不良风味

一、还原味

1. 葡萄酒中出现还原味的原因

主要是由于硫或二氧化硫被还原为硫化氢，后者又与醇类化合为硫醇造成的，经常呈现臭鸡蛋味或蒜味。这类化合物的阈值较低，含量很低时就能明显被感受到。当葡萄酒与酒脚（死亡的酵母）长时间接触时会产生这类气味。

2. 葡萄酒中还原味的处理措施

这种不良风味，可通过在出罐或转罐过程中通气和尽快将葡萄酒与酒脚分离的方式加以防止。通气并不能使蒜味（硫醇味）彻底消除，在这种情况下，可进行硫酸铜处理，处理后的葡萄酒中铜的含量不得超过 1mg/L。

3. 饮用建议

当瓶装葡萄酒带有还原味时，经过简单的处理后便可饮用。许多轻微的还原味在开瓶时就会随着氧气的进入而消失。如果还原味很重则需要进行醒酒处理。

图 15-1　硫酸铜处理带有
还原味的葡萄酒

二、木塞味

1. 葡萄酒中出现木塞味的原因

软木塞在葡萄酒中的使用非常广泛，但软木塞污染问题一直是困扰葡萄酒厂和软木塞厂的问题。葡萄酒中的木塞污染是影响葡萄酒品质的重要因素，这些引起木塞味的污染物主要是醚类，尤其是三氯苯甲醚（TCA），这种有机成分能造成非常不愉快的气味，而且阈值非常低，通常在 2~10ng/L。除了三氯苯甲醚（TCA）外，四氯苯甲醚、五氯苯甲醚、三溴苯甲醚，2，3- 二甲基 -3- 酮同样可以给葡萄酒带来木塞味。外界含氯的氯酚类化合物（如漂白剂）与软木塞中的霉菌接触就极有可能会产生这种物质。由于霉菌主要是生长在塞子的表面，而且菌丝深入的深度有限，所以污染物在塞子的表面处最多。

2. 葡萄酒中木塞味的预防措施

为了降低或避免 TCA 及相关物质出现，须防止软木被含氯物质污染，避免微生物在软木上生长。

3. 饮用建议

当瓶装葡萄酒出现木塞味时不建议饮用。

三、过氧化味（葡萄酒的马德拉化）

1. 葡萄酒中出现过氧化味的原因

马德拉葡萄酒属于加强型葡萄酒，且带有氧化味。白葡萄酒在储存或装瓶后，由于氧化原因，经常出现颜色变黄、果香消失的情况，失去原有的清爽口感，且带有与马德拉酒相似的味道，存放时间越长，这种味道越明显。

2. 葡萄酒中过氧化味的预防措施

这种气味主要是葡萄酒中乙酸和多酚物质的氧化所引起的，因此，在白葡萄酒的生产过程中要尽量防止氧化。

3. 饮用建议

当瓶装葡萄酒出现过氧化味时不建议饮用。

 ## 第四节 蛋白质浑浊与酒石酸结晶

一、蛋白质浑浊

葡萄酒中的蛋白质浑浊通常表现为絮状沉淀，这些沉淀物质通常是蛋白质和单宁的结合物，这些蛋白质主要来源于葡萄。

1. 瓶装葡萄酒中出现蛋白质浑浊的原因

发酵结束后，通过下胶处理及后续的过滤已将大部分蛋白质去除，但下胶量不足或下胶时未及时将下胶剂与葡萄酒迅速混合均匀会导致葡萄酒中残留过多的蛋白质。当葡萄酒灌装后，由于储存条件的变化，特别是储存温度较高，则会在葡萄酒中形成絮状沉淀。对于单宁含量较少的白葡萄酒和桃红葡萄酒，在储存过程中，葡萄酒中的蛋白质可与软木塞释放的单宁结合形成絮状沉淀。

2. 饮用建议

当葡萄酒中出现蛋白质浑浊时并不影响饮用，在饮用前将葡萄酒在直立状态下，在低温环境中静置一段时间，蛋白沉淀逐渐聚集在瓶底，倒酒时不要摇晃瓶子，并通过光源观察瓶底，确保沉淀物不会倒入酒杯。

二、酒石酸结晶

葡萄酒中的有机酸以酒石酸为主，约占葡萄酒总有机酸含量的 50% 以上，同时也含有一定量的钾离子、钙离子等，故在葡萄酒中会形成一定浓度的酒石酸盐，主要是酒石酸钙和酒石酸氢钾。随着酒液温度的下降其溶解度减弱，逐渐析出形成沉淀。

1. 瓶装葡萄酒中出现酒石酸结晶的原因

葡萄酒发酵结束后经过冷处理和低温过滤，大部分酒石酸盐被提前分离。当冷处理的时间较短、冷处理的温度较高或冷处理结束后过滤温度较高，都会导致葡萄酒中残余过多的酒石酸盐。当灌装后的葡萄酒存放时间较长或储存温度较低时，就会出现酒石酸盐晶体状沉淀，同时也经常伴随一些色素沉淀。

2. 饮用建议

当葡萄酒中出现酒石酸盐晶体状沉淀时，由于其对身体无害，完全可以饮用，倒酒时的注意事项与出现蛋白质浑浊时类似。

思考与练习

1. 铁破败病的原因及解决措施是什么？

2. 如何向消费者正确解释葡萄酒中的蛋白质浑浊与酒石酸结晶？

3. 当瓶塞感染霉菌时怎样判断是否还可饮用？

第十六章
葡萄酒的日常管理

本章主要讲解葡萄酒发酵结束至葡萄酒灌装期间葡萄酒的日常管理；本章与酿造篇各章相辅相成，规范的日常管理是葡萄酒品质提升的重要前提。本章主要讲解车间、酒窖的日常管理和各类理化指标的检测节点，学习完本章节后，要了解在车间、酒窖的日常运行过程中，需要通过哪些管理手段确保葡萄酒品质稳步提升。

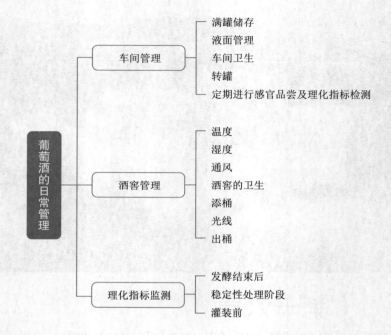

1. 掌握酒窖管理过程中的操作关键点;
2. 掌握葡萄酒灌装前对各项理化指标的要求;
3. 了解车间管理过程中各项操作的注意事项。

第一节 车间管理

葡萄酒发酵结束至装瓶前还要经过一段时间的成熟，在这一期间葡萄酒会经过一系列的物理、化学变化，通过这一系列变化，葡萄酒的品质得到改善，直至达到酿酒师的要求。在这一期间车间的日常管理对葡萄酒品质的改善至关重要。

图 16-1 葡萄酒酿造车间

一、满罐储存

葡萄酒在储存与陈酿过程中，环境中的氧气可以通过多种途径溶解到葡萄酒中。葡萄酒中微量的氧气对葡萄酒的成熟和稳定具有促进作用，如在橡木桶中陈酿时，酒窖的日常操作（分离、添桶等）及桶壁"毛孔"将微量的氧气渗透进葡萄酒，可以使葡萄酒发生适当的氧化，从而使尖酸、生涩的酒液变得柔和、圆润。同时，微量的氧气也促进了花色苷和单宁的聚合反应，使葡萄酒的颜色更加稳定。但是，过量的氧气将严重影响葡萄酒的品质，特别是白葡萄酒，过量的氧气将会使白葡萄酒果香逐渐减弱，颜色逐渐加深，并诱发好气微生物病害。

因此，在葡萄酒储存过程中需要进行满罐储存，以减少葡萄酒液面上方空气中氧气渗入葡萄酒。另外，葡萄酒储酒罐都有液位管，液位管一般与外界环境相连，随着时间的延长液位管中的葡萄酒逐渐变质，并可能引发整罐葡萄酒的变质。因此在进行转罐、调配等导致液位发生变化的操作时，可以开启液位管的阀门方便观察操作状态，当操作结束时需及时将液位管中的葡萄酒放出，并关闭液位管阀门。若因特殊原因必须半罐储存，可在液面上方充入惰性气体（常用二氧化碳或氮气）保护，以隔绝氧气，并定期观察液面，在条件允许时尽快通过并罐实现满罐储存。

二、液面管理

车间人员在葡萄酒的整个储存期必须定期对原酒液面进行检查，因为在满罐储存过程中会出现因罐口密封垫干裂或密封不紧，导致空气及环境微生物进入储酒罐的问题。若液面有产膜（霉菌、酵母或醋酸菌感染所致）迹象，需首先清除液面已经产生的膜，然后使用焦亚硫酸钾对液面进行保护（焦亚硫酸钾需用约 10 倍的水溶解），并对产膜储酒罐中的葡萄酒进行微生物及挥发酸含量检测，若微生物含量超标或挥发酸含量较上次检测明显上升，则需及时进行巴氏杀菌。

过去部分葡萄酒企业会在液面进行熏硫处理，因为有明火的存在，有潜在的爆炸风险，现已禁止使用。有些葡萄酒企业会在液面上放一片"抗酒花漂片"，也有人称"蜡片"、"安心片"等，该酒花漂片由石蜡和芥末精油制成，主要抑菌物质是源自芥末油的烯丙基异硫氰酸酯，使用时烯丙基异硫氰酸酯会从石蜡中慢慢挥发出来，可以有效地抑制细菌、酵母及霉菌的繁殖。

发酵结束后，葡萄酒中还存在部分二氧化碳，在储存过程中二氧化碳缓慢溢出，同时，发酵结束后室温不断降低，这会导致葡萄酒体积缩小，因此须每周到罐顶观察液面情况，如发现液面下降，则需做添罐处理，以保证葡萄酒满罐储存，添罐用酒一般选用同品种、同酒龄优质、稳定的葡萄酒。另外，当冬季转至次年春季的过程中，环境温度不断升高，车间人员需及时进行液面观察，防止因温度升高，导致葡萄酒体积增加，出现溢酒现象。车间可根据操作经验，在温度大幅度升高前将储酒罐中的部分葡萄酒转移至其他储酒罐，在温度大幅下降时进行添罐处理。

三、车间卫生

过去，由于人们不了解氧化及微生物感染的机制，导致许多优质的葡萄酒因卫生问题而变质。为保证葡萄酒的质量，防止葡萄酒在生产加工过程中被污染，葡萄酒生产车间需执行严格的卫生标准。

1. 榨季期间

榨季第一次使用前及最后一次使用后需对除梗破碎机、压榨机及相连管道用 2% 左右的碱水冲洗 15 分钟，并用清水冲洗干净（碱洗）。再用 1% 的柠檬酸溶液冲洗 15 分钟，随后用清水冲洗至接近中性（酸洗）。榨季期间每天使用结束后需用清水将破碎机、压榨机及相连管道冲洗干净，当榨季期间进行红白葡萄品种转换时（特别是红葡萄转换为白葡萄时），需进行一次碱洗和酸洗，以防止残留的色素进入白葡萄酒中。榨季期间车间地面、发酵罐外壁会残留一些葡萄汁、辅料等，如不及时处理，将会引来蚊蝇及鼠患，因此当葡萄汁和辅料散落在外面时需及时清理，并用清水冲洗。另外，车间下水道不可避免地会残留一些葡萄皮或整粒葡萄，发酵期间一般每隔 8 小时（一个班次）就对下水道中的杂物进行一次清理，避免葡萄皮、整粒葡萄及其他杂物累积，给车间带来卫生风险。

2. 发酵结束

要定期对发酵罐的周围及罐顶进行清理，防止霉菌滋生。在葡萄酒储存过程中，可能会用到蛋清粉等辅料对葡萄酒进行澄清处理，在车间管理时一定要将待使用的或使用后剩余的辅料放至密闭容器中，防止鼠患的发生。

3. 发酵罐及储酒罐的清洗

发酵罐及储酒罐使用结束后首先用高压清水将罐内的体积相对较大的杂质冲出，随后用 2% 的碱水循环冲洗 15 分钟，碱水冲洗结束后将碱水排出，并用清水冲洗干净。再用 1% 左右的柠檬酸溶液循环冲洗 15 分钟，随后用清水对罐内进行冲洗直至罐底流出的水接近中性。发酵罐及储酒罐清洗结束后需保持罐底阀门处于打开状态，以保证发酵罐及储酒罐内干燥无积水。对于用于盛放除菌过滤后葡萄酒的储酒罐，碱洗、酸洗结束后还需用蒸汽进行杀菌处理，一般将蒸汽管道连接在高于底阀门的阀门上，并保持底阀门处于开放状态，以便冷凝水流出，蒸汽杀菌处理一般不少于 20 分钟。

4. 取样阀的清洗

在葡萄酒的整个生产周期中经常会进行取样操作，取样结束后在取样阀出酒口处会有少量酒液残留。随着时间的延长，这些残留的酒液会滋生有害微生物，进而影响下次的取样检测结果，并可能会引发罐内酒液的病害。因此，在取样结束后需用清水（一般用洗瓶即可）将残留的酒液冲出，并用 75% 的酒精进行消毒。

图 16-2 葡萄酒酿造过程中取样

四、转罐

1. 酒脚分离

刚发酵结束后的葡萄酒储存一段时间后，会在罐底形成酒脚，酒脚中含有酵母和细菌，需及时进行转罐，将酒脚与澄清的葡萄酒分开，避免由这些微生物重新活跃而引起葡萄酒的微生物病害。酒脚中还含有一些析出的酒石酸盐、蛋白质等，转罐可避免这些物质重新进入葡萄酒给葡萄酒的澄清、稳定带来困难。

2. 异味处理

如葡萄酒中存在还原味，可在转罐过程中适当地将葡萄酒暴露在空气中，使这些不愉悦的气味挥发掉。如葡萄酒的还原味较重，还可在转罐过程中添加约 0.5mg/L 的硫酸铜。铜离子和硫化氢以及各种硫醇发生反应，生成无味的铜复合物沉淀下来，再通过分离及过滤去除。铜处理后，葡萄酒中铜的残留量不可超过 1mg/L。

3. 调整二氧化硫含量

在转罐前可检测葡萄酒中的游离二氧化硫含量，如其含量低于预期范围（一般葡萄酒储存期间，为了防止氧化及微生物感染，需将游离二氧化硫的含量控制在 40mg/L），可在转罐过程中添加。

4. 防氧化

如果待转罐的葡萄酒为澄清、稳定的葡萄酒，则转罐过程中需防止葡萄酒的氧化，可在转罐前对目标罐进行惰性气体保护，特别是干白葡萄酒的转罐，转罐过程中可使用氮氧置换装置，可有效地减少葡萄酒的氧化。

五、定期进行感官品尝及理化指标检测

葡萄酒储存过程中理化指标会逐渐发生变化，当游离二氧化硫含量较低且该酒的酒精度较低时，则会引起葡萄酒的微生物感染，引起葡萄酒挥发酸含量升高。随着储存过程中酒石的析出，葡萄酒的总酸也会有不同程度的降低，进而影响葡萄酒的颜色。因此，需定期检测储酒罐中葡萄酒的游离二氧化硫、挥发酸及总酸的含量（夏季可适当增加检测频率），对游离二氧化硫较低的储酒罐进行及时调硫处理。如挥发酸突然升高，则该罐葡萄酒可能存在微生物感染的风险，需进行巴氏杀菌，并尽快灌装。

除进行理化指标的定期检测外，还需对储酒罐中的葡萄酒进行定期感官品尝，并做好品评记录，确保葡萄酒储存过程中感官品质向好发展，并在感官品质较佳时及时安排灌装。

 ## 第二节　酒窖管理

葡萄酒在酒窖中的成熟过程对葡萄酒品质的提升至关重要，酒窖的温度、湿度、光照以及通风等都会影响葡萄酒的陈酿。为了保证葡萄酒品质的稳步提升，在进行酒窖管理时需严格控制各项参数，确保酒窖一直处于适宜葡萄酒陈酿的环境中。

一、温度

酒窖内的空气温度对葡萄酒的成熟有很大的影响。葡萄酒在低温下成熟慢，在高温下成熟快。白葡萄酒的最佳酒窖温度是 8~11℃，红葡萄酒的最佳酒窖温度是 12~15℃。

一般酒窖的温度应在 17℃以下，这样不容易滋生杂菌，同时也利于酒的成熟。入桶前酒液温度应与酒窖温度相接近，防止温度大幅度变化导致的溢桶或液面下降引起的过度氧化。另外，酒窖中的温度要尽量维持稳定，以防止温度的突变所引起的葡萄酒风味变异甚至变质。

酒窖

图 16-3　葡萄酒入桶操作

二、湿度

酒窖内的湿度对葡萄酒的陈酿效果有着较大的影响。酒窖内的空气不应过于干燥或过于潮湿。当湿度太低时葡萄酒会通过桶板很快蒸发造成葡萄酒的损失，且会加剧酒的氧化。湿度较大时酒不易蒸发，但能促使橡木桶及周围环境中霉菌的繁殖，使酒窖充满霉味，使酒变质。最合适的湿度一般在75%，过高可采用通风排湿，过低则可在地面进行洒水操作。

三、通风

酒窖空气应当保持清洁、新鲜，不应有不良气味。处于静止状态的空气，即使湿度正常，也会促使酒窖地面上、墙上和桶上生长霉菌。停滞的有发霉气味的空气，会使酒产生霉味。

为了避免这种不良现象，必须用通风的办法有规律地更换酒窖内的空气，但又不能大幅度改变室内的温度和湿度。另外，酒液还会吸收环境中的异味，因此，应杜绝诸如洗涤剂、酱菜等散发强烈气味的物品进入酒窖。

四、酒窖的卫生

葡萄酒是一种饮用产品，因此在储存过程中需要执行严格的卫生管理措施。葡萄酒在口味和气味方面对任何污染都特别敏感。它能吸收酒窖内的不良气味物质。因此，酒窖必须保持清洁，以免滋生霉菌和细菌，影响葡萄酒质量。特别是桶口位置，添桶等操作会不可避免地洒落一些酒，如不及时处理则可引发霉菌等微生物繁殖，进而危害桶内葡萄酒的健康。

五、添桶

定期检查桶内葡萄酒的液面情况，及时进行添桶，保持满桶状态。一般来说要用同品种、同酒龄的葡萄酒进行添桶，在某些情况下可以用酒龄较高的葡萄酒。但是在任何情况下都不可用新酒添老酒，在缺乏同品种葡萄酒时，也可用其他品种添加，但添桶所用的酒在香和味方面应是中性的，不会给被添加的葡萄酒带来任何另外的特征。在任何情况下，添桶所用的葡萄酒都必须是健康无病的。

图 16-4　葡萄酒添桶操作

六、光线

在葡萄酒陈酿期间，光线往往会给葡萄酒带来负面影响。葡萄酒接触到光线容易发生还原反应，使酒变质变色，失去原有味道，甚至产生不愉快气味。存放期间需要特别注意白葡萄酒和盛装在无色瓶中的葡萄酒，它们对光线十分敏感，可存放在酒架的最底层，或其他光线较暗的地方。酒窖的光线通常为人工照明，以便控制光照强度。此外，震动也会影响葡萄酒的品质，通常震动会降低葡萄酒的品质，因此储存期间尽量避免移动橡木桶。

七、出桶

葡萄酒在橡木桶储藏过程中，可以从橡木桶内表面浸渍出很多有益于提高葡萄酒质量的物质，如水解单宁可稳定颜色，增加香气复杂度和浓郁度，提高酒体结构感和圆润度。在橡木桶的陈酿过程中，橡木中主要有三类物质会浸入葡萄酒中，从而影响葡萄酒的风味和口感：一是单宁类物质，来自橡木的单宁能增加葡萄酒总酚含量，稳定葡萄酒的颜色，增加葡萄酒的结构感，使酒体变得更丰满；二是橡木的树脂和糖类物质，能增加酒体柔和性和醇厚感；三是橡木的芳香物质，主要是木质素分解后产生的芳香醇和芳香醛。但并非葡萄酒在橡木桶中的储存时间越长越好，过重的橡木会破坏葡萄酒香气的平衡，掩盖葡萄酒原有的果香味。因此，通常葡萄酒入桶4个月后，每月进行一次感官品评，并记录每次品评结果，酿酒师根据品评结果确定出桶时间。

图 16-5　橡木桶陈酿期间的感官品尝

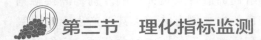

第三节　理化指标监测

葡萄酒发酵结束至灌装期间，为保证葡萄酒的品质向好的方向改善，在不同的储存阶段需有针对性地进行理化指标的检测。

一、发酵结束后

发酵结束后需及时检测葡萄酒的总糖、酒精度、挥发酸、总酸、pH 值、干浸出物、游离二氧化硫及总二氧化硫的含量，具体的检测方法参考《GB/T 15038—2006 葡萄酒、果酒通用分析方法》。

发酵结束后挥发酸的含量应尽可能地低，尽管国家标准《葡萄酒》（GB 15037—2006）中规定葡萄酒中挥发酸的含量 ≤ 1.2g/L 即可，但在储存过程中可能会出现挥发酸升高的问题，一般发酵结束后控制红葡萄酒的挥发酸含量 ≤ 0.9g/L，白葡萄酒 ≤ 0.7g/L。

虽然国家标准《葡萄酒》（GB 15037—2006）中对葡萄酒的总酸含量未做要求，但葡萄酒的微生物及颜色的稳定都与酸度密切相关，一般发酵结束后控制红葡萄酒总酸含量 ≥ 4.5g/L，白葡萄酒 ≥ 5.5g/L。干浸出物的含量符合国家标准《葡萄酒》（GB 15037—2006）中对每种葡萄酒的要求。根据游离二氧化硫的实测值，并结合总二氧化硫的含量，将葡萄酒中游离二氧化硫含量调整至 30~50mg/L，并控制总二氧化硫含量 ≤ 250mg/L，对于甜型葡萄酒控制总二氧化硫含量 ≤ 400mg/L，在储存过程中会根据游离二氧化硫的含量进行补充，因此，发酵结束后调整二氧化硫时要严格限制总二氧化硫含量。在储存过程中一般每个月对葡萄酒中挥发酸及游离二氧化硫进行一次检测。

二、稳定性处理阶段

下胶结束后（一般在下胶处理 3 天后取样）进行热稳检测，当热稳检测合格后进行过滤处理，过滤过程中需在出酒口检测酒样浊度，一般控制过滤后出酒口酒样浊度 < 5NTU。

葡萄酒冷冻处理过程中需进行冷稳定检测，一般在酒液降至冰点并保持两周后进行检测，冷稳定合格后将酒液转移至其他储酒罐，在转移过程中进行低温过滤处理。

三、灌装前

灌装前需对葡萄酒中总糖、酒精度、挥发酸、总酸、pH 值、干浸出物、游离二氧化硫及总二氧化硫、柠檬酸、二氧化碳压力（起泡葡萄酒）、铁、铜、甲醇、苯甲酸、山梨酸（一般针对甜葡萄酒）的含量进行检测，并控制

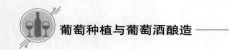
相关指标严格符合国家标准《葡萄酒》（GB 15037—2006）。

表 16-1　葡萄酒的理化要求（参考 GB 15037—2006）

检验项目			要求
酒精度（20℃）（体积分数）/（%）			≥ 7.0（特殊葡萄酒除外，实测值与标签酒精度相差不得超过 1.0%）
总糖（以葡萄糖计）g/L	平静葡萄酒	干葡萄酒	≤ 4.0 或总糖 - 总酸 ≤ 2.0 时，总糖最高为 9.0
		半干葡萄酒	4.1~12.0 或总糖 - 总酸 ≤ 2.0 时，总糖最高为 18.0
		半甜葡萄酒	12.1~45.0
		甜葡萄酒	≥ 45.1
	高泡葡萄酒	天然型	≤ 12.0（允许差为 3.0）
		绝干型	12.1~17.0（允许差为 3.0）
		干型	17.1~32.0（允许差为 3.0）
		半干型	32.1~50.0
		甜型	≥ 50.1
挥发酸（以乙酸计）g/L			≤ 1.2
总酸 g/L	实测值		
pH 值	实测值		
干浸出物 g/L	白葡萄酒		≥ 16.0
	桃红葡萄酒		≥ 17.0
	红葡萄酒		≥ 18.0
游离二氧化硫 mg/L			实测值
二氧化碳（20℃）/MPa	低泡葡萄酒	＜ 250ml/ 瓶	0.05~0.29
		≥ 250ml/ 瓶	0.05~0.34
	高泡葡萄酒	＜ 250ml/ 瓶	≥ 0.30
		≥ 250ml/ 瓶	≥ 0.35
柠檬酸 /（g/L）	干、半干、半甜葡萄酒		≤ 1.0
	甜葡萄酒		≤ 2.0
铁 /（mg/L）			≤ 8.0
铜 /（mg/L）			≤ 1.0

续表

检验项目		要求
甲醇 /（mg/L）	白、桃红葡萄酒	≤ 250
	红葡萄酒	≤ 400
山梨酸（钾）（以山梨酸计）/（mg/L）		≤ 200
苯甲酸（钠）（以苯甲酸计）/（mg/L）		≤ 50

📖 思考与练习

1. 酒窖的温度和湿度对陈酿的葡萄酒有怎样的影响？

2. 请简述发酵罐和储酒罐的清洗流程。

3. 在酒窖进行添桶操作时，对所用葡萄酒有何要求？

参考文献

［1］李华.酿造酒工艺学［M］.北京：中国农业出版社，2011.

［2］李华.葡萄酒工艺学［M］.北京：科学出版社，2007.

［3］李华.葡萄栽培学［M］.北京：中国农业出版社，2008.

［4］赵新节.酿酒葡萄栽培［M］.北京：中国农业科学技术出版社，2019.

［5］李华，王华.中国葡萄酒［M］.2版.北京：中国农业大学出版社，2019.

［6］温鹏飞，陈忠军.葡萄酒工艺学［M］.北京：中国农业大学出版社，2020.

［7］Simon J Woolf.橘酒时代［M］.王琪，译.积木文化，2020.

［8］李华，王华.葡萄酒质量控制手册［M］.咸阳：西北农林科技大学出版社，2017.

［9］王恭堂.白兰地工艺学［M］.北京：中国轻工业出版社，2002.

［10］桂祖发.酒类制造［M］.北京：化学工业出版社，2001.

［11］徐超亚，汪蕾，张军翔.冰葡萄酒原料威代尔后熟过程中质量指标变化研究［J］.中外葡萄与葡萄酒，2017（05）：5-9.

［12］王超萍，华玉波，严战伟，丁燕.贵腐酒及其研究进展［J］.酿酒科技，2021（06）：102-107.

［13］邢守营.贵腐葡萄及贵腐葡萄酒的酿造工艺［J］.中国林副特产，2013（04）：45-46.

［14］钟正道，苏岚岚.世界葡萄酒鉴赏［M］.广州：广东科技出版社，2014.

［15］耿彦彦.闪蒸工艺对干红葡萄酒质量影响的研究［D］.保定：河北农业大学，2013.

［16］Jackson R. S. 葡萄酒科学：原理与应用［M］.3版.段长青，译.北京：中国轻工业出版社，2017.

［17］Tomás，López-Guzmán，Aurea，et al. Profile and motivations of European tourists on the Sherry wine route of Spain［J］. Tourism Management Perspectives，2014.

［18］Chen，J. K，Ghasri，et al. An overview of clinical and experimental treatment modalities for port wine stains［J］. Journal of the American Academy of Dermatology，2012.

［19］梅康妮.金刚不坏之身：葡萄牙马德拉加强型葡萄酒［J］.葡萄酒，2017（08）：92-93.

［20］Carmen.波特酒，岁月里的灵魂蜜糖［J］.葡萄酒，2019（06）：40-43.

［21］李记明.葡萄酒技术全书［M］.北京：中国轻工业出版社，2021.

［22］卫春会，黄亮，姚亚林，等.山葡萄酒发酵过程中活性物质、抗氧化能力及有机酸的变化［J］.食品工业科技，2021，42（06）：9-14.

［23］张稳稳.不同采收期对酿酒葡萄"北红"和"北玫"果实与葡萄酒中单体酚积累的影响研究［D］.银川：宁夏大学，2021.

［24］曾霞，徐华凤，马超.山葡萄酒的研制及发酵优化研究［J］.生物化工，2015，1（01）：20-23.

［25］郑婷，张克坤，朱旭东，等.葡萄伤流期树液流动变化研究［J］.浙江农业学报，2019，31（02）：250-259.

［26］贺普超.葡萄学.［M］.北京：中国农业出版社，1999.

［27］NICOLAS JOLY，WHAT IS BIODYNAMIC WINE? The quality，the taste，the terrior［M］. CLAIRVIEW，2012.

［28］Cravero M. C. Organic and biodynamic wines quality and characteristics：A review［J］. Food Chemistry，2019，295（15）：334-340.

［29］王忠跃.葡萄健康栽培与病虫害防控［M］.北京：中国农业科学技术出版社，2017.

［30］战吉宬，李德美.酿酒葡萄品种学［M］.北京：中国农业大学出版社，2015.

［31］张哲，柴菊华，崔彦志，等.闪蒸处理对干红葡萄酒品质的影响［J］.酿酒科技，2010（5）：5.

［32］徐国前，张军翔.独龙干形和多主蔓扇形葡萄园标准化改造技术［J］.中外葡萄与葡萄酒，2015（6）：3.

［33］王树生.葡萄酒生产350问［M］.北京：化学工业出版社，2009.

图书在版编目（CIP）数据

葡萄种植与葡萄酒酿造 / 秦伟帅，苗丽平主编. --
北京 ：旅游教育出版社，2022.8
葡萄酒文化与营销系列教材
ISBN 978-7-5637-4461-9

Ⅰ. ①葡… Ⅱ. ①秦… ②苗… Ⅲ. ①葡萄栽培－教
材②葡萄酒－酿造－教材 Ⅳ. ①S663.1②TS262.61

中国版本图书馆CIP数据核字(2022)第125707号

葡萄酒文化与营销系列教材
葡萄种植与葡萄酒酿造

秦伟帅　　苗丽平　　主　编

马克喜　董书甲　王根杰　杨程凯　副主编

总 策 划	丁海秀
执行策划	赖春梅
责任编辑	赖春梅
出版单位	旅游教育出版社
地　　址	北京市朝阳区定福庄南里 1 号
邮　　编	100024
发行电话	（010）65778403　65728372　65767462（传真）
本社网址	www.tepcb.com
E - mail	tepfx@163.com
排版单位	北京旅教文化传播有限公司
印刷单位	唐山玺诚印务有限公司
经销单位	新华书店
开　　本	710 毫米 × 1000 毫米　1/16
印　　张	18.5
字　　数	278 千字
版　　次	2022 年 8 月第 1 版
印　　次	2022 年 8 月第 1 次印刷
定　　价	59.80 元

（图书如有装订差错请与发行部联系）